高职高专"十二五"电子信息类专业规划教材

（微电子技术专业）

集成电路设计 CAD

主 编 赵丽芳
副主编 陈 红 董海青
参 编 杨敏华 韩 萌 李荣茂 任 建
主 审 揣荣岩

机械工业出版社

本书内容主要分为两部分，一是运用硬件描述语言 VHDL 设计各种功能电路；二是运用 Tanner 公司的 EDA 工具完成从电路图设计到最终版图的实现。全书采用实际案例的方式，将理论知识融合到实际案例中，突出知识内容的实用性与综合性，实例讲解由基本单元到具体项目，功能介绍由简单到复杂，同时注重培养学生的动手实践能力，注重学生的可持续发展和再发展。

本书适合高职高专微电子技术专业的学生使用，也可作为其他电子信息类专业学生的自学参考用书。

为方便教学，本书配有免费电子课件、习题答案、模拟试卷及答案等，凡选用本书作为授课教材的学校，均可来电（010-88379564）或邮件（cmpqu@163.com）索取。有任何技术问题也可通过以上方式联系。

图书在版编目（CIP）数据

集成电路设计 CAD/赵丽芳主编．—北京：机械工业出版社，2013.10
高职高专"十二五"电子信息类专业规划教材．微电子技术专业
ISBN 978-7-111-44613-2

Ⅰ.①集⋯　Ⅱ.①赵⋯　Ⅲ.①集成电路 – 计算机辅助设计 – AutoCAD 软件 – 高等职业教育 – 教材　Ⅳ.①TN402

中国版本图书馆 CIP 数据核字（2013）第 257334 号

机械工业出版社（北京市百万庄大街 22 号　邮政编码 100037）
策划编辑：曲世海　　责任编辑：曲世海　韩　静
版式设计：霍永明　　责任校对：张　媛
责任印制：乔　宇
北京机工印刷厂印刷（三河市南杨庄国丰装订厂装订）
2014 年 1 月第 1 版第 1 次印刷
184mm×260mm·13.5 印张·331 千字
0 001—2 000 册
标准书号：ISBN 978-7-111-44613-2
定价：26.00 元

凡购本书，如有缺页、倒页、脱页，由本社发行部调换

电话服务　　　　　　　　　　　网络服务
社 服 务 中 心：(010)88361066　教　材　网：http://www.cmpedu.com
销　售　一　部：(010)68326294　机工官网：http://www.cmpbook.com
销　售　二　部：(010)88379649　机工官博：http://weibo.com/cmp1952
读者购书热线：(010)88379203　封面无防伪标均为盗版

前　　言

随着 VLSI 的迅速发展，集成电路的设计和制造越来越复杂。集成度的日益提高、工艺特征尺寸的不断缩小、性能与功耗的同步增长，给人们进行 VLSI 设计提出了越来越大的挑战。

本书是面向高职高专院校微电子技术专业的学生编写的。本书内容共分为两部分，第一部分主要讲述了运用硬件描述语言设计集成电路，包括两章，第 1 章简述了可编程逻辑器件的发展和基本分类，第 2 章简述了 VHDL 的语法基础和基本单元电路的设计；第二部分主要运用 Tanner 公司的 EDA 工具完成从电路图设计到最终版图的实现，包括四章，第 3 章主要讲述了原理图设计输入的基本操作，第 4 章主要讲述了 SPICE 电路仿真，第 5 章主要讲述了基本单元电路的原理图输入设计和仿真，第 6 章讲述了集成电路版图设计，主要针对版图设计的 T-Cell 设计方式，以及基本版图的 SPR 操作，通过实际操作来学习集成电路设计特别是版图设计的知识。

为了便于读者学习和查阅，本书电路图中的元器件符号不再按照国家标准予以修改，而是采用本书介绍的软件中的元器件符号。

其中第 1 章由赵丽芳和任建共同完成，第 2 章由董海青、杨敏华完成，第 3、4 章由赵丽芳、李荣茂完成，第 5、6 章由赵丽芳、陈红、韩萌完成。韩萌负责全书的校对工作，董海青负责全书源代码的调试工作，赵丽芳负责全书的统稿工作。本书由沈阳工业大学的揣荣岩教授负责审核。

由于集成电路的发展非常迅速，加上作者的水平有限，书中难免存在一些错误和不足，恳请广大读者批评指正。

编　　者

目 录

前言
第1章 集成电路设计CAD概述 1
1.1 高层次设计流程概述 1
1.2 用Tanner设计IC的流程 2
习题 3
第2章 VHDL程序设计 4
2.1 VHDL概述 4
2.2 VHDL数据类型 9
2.3 VHDL的基本语句 13
2.3.1 顺序语句 13
2.3.2 并行语句 15
2.4 VHDL程序设计描述方式 18
2.5 子程序 22
2.6 仿真和综合工具 24
2.6.1 仿真工具ModelSim 24
2.6.2 综合工具ISE Design 26
2.7 组合电路设计 29
2.8 时序逻辑电路设计 53
2.9 复杂数字电路设计 93
习题 117
第3章 原理图输入方式 118
3.1 S-Edit基础 118
3.2 建立元器件符号 120
3.3 设计简单逻辑电路 124
习题 126
第4章 SPICE仿真 127
4.1 T-Spice基础 127
4.2 瞬时分析 130
4.3 直流分析 135
4.3.1 MOS管直流分析 135
4.3.2 反相器直流分析 140
习题 142
第5章 基本电路设计 143
5.1 与非门设计 143
5.2 全加器设计 146
5.2.1 一位全加器设计 146
5.2.2 四位全加器设计 153
习题 162
第6章 版图设计 163
6.1 工艺基础 163
6.2 T-Cell设计基础 166
6.2.1 T-Cell绘制基本图形 166
6.2.2 基于T-Cell的PMOS管版图设计 168
6.2.3 基于T-Cell的NMOS管版图设计 173
6.3 CMOS反相器的版图设计与仿真 178
6.4 版图与电路图一致性检查 187
6.5 标准单元的版图设计 191
6.6 四位全加器的SPR操作 196
6.7 全加器的BPR操作 204
习题 209
参考文献 210

第1章 集成电路设计 CAD 概述

集成电路设计 CAD 即集成电路（简称 IC）计算机辅助设计，它采用计算机和微电子技术专业 EDA 工具进行集成电路设计开发。电子设计自动化（Electronic Design Automation，EDA）是指以计算机为工作平台，融合电子技术、计算机技术、智能化技术等最新成果而开发的一种技术，用来帮助电子设计人员完成繁琐的工作。目前这类软件已经有很多种，主要能辅助进行三方面的设计工作：IC 设计、电子电路设计和 PCB 设计。

EDA 技术发展到现在，已经进入到第三代 ESDA（Electronic System Design Automation）阶段，ESDA 也就是电子系统设计自动化。这种设计是一种高层次的电子设计方法，也称为系统级的设计方法。

1.1 高层次设计流程概述

集成电路通用的设计流程分为三部分：功能描述→结构描述→物理描述。

具体的设计流程为：设计输入→设计仿真（前仿真）→设计综合→版图布局和布线→带寄生参数仿真（后仿真）→版图出图。

1. 设计输入

设计输入主要是用一种描述方式把电路的功能描述出来，比较常用的描述方式有硬件描述语言（HDL）描述、电路图描述和电路网表描述。

HDL 描述是用硬件描述语言编写源代码来说明电路的功能。常用的 HDL 有 VHDL 和 Verilog HDL，本书主要介绍目前比较常用的 VHDL。

电路图描述主要是利用各种元器件符号把电路的功能描述出来，看起来比较直观。

电路网表描述也是用源代码的方式把电路的结构描述出来，和电路图描述有相似之处，但网表不如电路结构看起来直观。

不管哪一种描述方式，都要有对应的工具支持，即可以在计算机上实现。对于 HDL 和电路网表描述而言，这两种都是源代码的方式，因此可以使用一些文本编辑器，常用的有记事本、Ultraedit 和 Editplus 等。对于电路图描述，常用的工具比较多，例如第 3 章介绍的 S-Edit（Tanner，美国），其他还有一些电路图编辑软件：Virtuoso Schematic Composer（Cadence，美国）、Multisim（Interactive Image Technoligics，加拿大）等。

需要注意的是，对于源代码方式的输入，必须要保证源代码在语法上没有错误，特别是用 HDL 编写的源代码。因此源代码编写完成后要进行代码的编译，以确保没有语法上的错误。一些仿真工具中都带有代码编译的基本操作，比较常用的工具有 debussy 等。

2. 设计仿真（前仿真）

代码经过编译没有语法错误后，就要进行功能的验证，电路原理图和电路网表方式的设计输入描述也要在这一步进行功能验证。

对于 HDL 的设计输入描述方式，常用的仿真工具有 Mentor Graphics 公司的 ModelSim、

Synopsys 公司的 VCS 和 VSS、Aldec 公司的 ActiveHDL 以及 Cadence 公司的 NC 等工具。Synopsys 公司的 VCS 和 VSS 速度最快，调试器最好用，Mentor Graphics 公司的 ModelSim 读写文件速度最快，波形窗口比较好用。

对于电路图设计输入方式，首先要用专有的 EDA 工具把电路图描述方式转换为电路网表描述方式，然后用仿真工具进行功能验证，常用的仿真工具主要是 Spice 系列，目前常用的有 Tanner 公司的 T-Spice、Synopsys 公司的 Hspice、Synopsys 公司的 StarSpice 和 Silvaco 公司的 SmartSpice 等。

3. 设计综合

在集成电路设计中，综合可以分为行为综合和物理综合。行为综合是把描述电路功能的源代码转换为电路结构图，物理综合是把描述电路功能的电路结构图转化为最终的物理版图，即把设计翻译成原始的目标工艺文件。

综合时要考虑版图的最优化设计，同时要考虑芯片面积和电路性能的要求。

比较常用的综合工具有 Synopsys 公司的 DC、Synplicity 公司的 Synplify、Xilinx 公司的 ISE Design 和 Altera 公司的 Quartus Ⅱ。

4. 版图布局和布线

布局指将设计好的功能模块合理地安排在芯片上，规划好它们的位置。布线则指完成各模块之间互连的连线。对完成的版图还要对其做 DRC（几何设计规则检查）、ERC（电学规则检查）和 LVS（网表一致性检查），如果不满足要求，都要回到第一步进行修改。

由于 PLD 市场目前只剩下 Altera、Xilinx、Lattice、Actel、Quicklogic、Atmel 六家公司，其中前五家为专业 PLD 公司，前三家几乎占有了 90% 的市场份额，而使用 Altera、Xilinx 公司的 PLD 占多数，所以典型布局和布线的工具为 Altera 公司的 Quartus Ⅱ、Xilinx 公司的 ISE。

5. 带寄生参数仿真（后仿真）

提取实际版图参数、电阻、电容，生成带寄生量的器件级网表，进行开关级逻辑仿真和电路模拟，验证电路功能的正确性和时序性能等。后仿真主要考虑寄生参数的影响，尤其是传输线延迟的影响，完成时序仿真时一般借助布局、布线工具自带的时序分析工具，也可以使用 Synopsys 公司的 PrimeTime 软件和 Mentor Graphics 公司的 Tau timing analysis 软件。

6. 版图出图

把正确的符合要求的版图文件生成 GDSII 文件交予 Foundry 流片。

1.2 用 Tanner 设计 IC 的流程

由于一些 EDA 工具价格昂贵，对硬件要求比较高，因此本门课选用比较实用的 EDA 工具——Tanner 公司的系列套件。

Tanner 公司的 IC 设计 EDA 工具主要包括电路原理图编辑器 S-Edit、网表仿真工具 T-Spice、波形编辑查看工具 W-Edit、版图编辑工具 L-Edit、版图电路图一致性检查工具 LVS 等。可以完成完整的从前端设计到后端设计的所有设计。

用 Tanner 软件套装进行数字 IC 设计的基本流程如下：

1. 准备工作

1）确定要设计的芯片的功能和引脚。

2）与要加工的集成电路生产厂家联系，确定加工工艺，并索取 DRC 和 SPICE 模型文件，如果有可能的话，让他们一并提供所使用的各种存储器单元的设计图。

3）与掩膜制造商联系，确定在版图设计中使用的连线端点和拐角形状。

2. 设计电路图

1）把总电路图从上到下分解成带有等级构造的功能模块。

2）设置 S-Edit 电路图编辑器窗口，一般按照个人使用习惯来设置。

3）在 S-Edit 中从下向上用库模块设计总电路图的各级功能块，直到完成总电路图。

4）输出电路中各级模块的 SPICE 网表，用 T-Spice 电路模拟工具模拟电路特性（逻辑特性和延迟特性），然后用 W-Edit 观察检查波形。

5）完成基本电路模块的结构体的行为描述，输出 VHDL 网表，用 VHDL 工具模拟 VHDL 网表的逻辑性能和时间关系；或输出 EDIF 网表，用 NetTran 转换为 GateSim 的输入格式，用 GateSim 模拟逻辑性能和时间关系；或设计简化的电路，用 T-Spice 电路模拟器模拟简化的电路，推断总电路的性能。

6）输出 TPR 网表，用于以后 L-Edit 的自动布局、布线。

3. 设计版图

1）设置 L-Edit 版图编辑器窗口，设置的内容包括颜色板、应用参数、设计参数、图层、DRC 规则、SPR 等，要尽量使用原有的设置，在其基础上进行必要的修改，不要从头开始设置。

2）设计标准单元，标准单元和 S-Edit 中的基本模块对应，要尽量使用原有的标准单元，对设计好的标准单元要运行 DRC 检查和 LVS 检查。

3）用 S-Edit 输出的 TPR 网表进行 SPR 操作，SPR 产生的版图可以是内核、焊盘或整个集成电路，对于不能用 SPR 生成的电路图部分进行手工布图连线。

4）输出 CIF 文件或 GDSII 文件，交掩膜制造厂制造掩膜版。

5）把掩膜版交予集成电路制造厂进行集成电路加工。

习　题

1.1　简述高层次 IC 设计的基本流程。

1.2　简述 Tanner 套件设计 IC 的基本流程。

第 2 章 VHDL 程序设计

2.1 VHDL 概述

随着电子技术的发展，特别是大规模集成电路的研制和发展，电子电路的设计变得越来越复杂，使用硬件描述语言进行电子设计已经成为一种趋势。所谓硬件描述语言，即可以描述硬件电路的功能、信号连接关系以及延时关系的语言。很多厂家分别开发了各自的硬件描述语言，如 VHDL 和 Cadence 公司的 Verilog HDL 等。电气和电子工程师协会（Institute of Electricaland Electronic Engineers，IEEE）开始致力于硬件描述语言的标准化工作，并规定了几种常用的 HDL 作为标准。VHDL 是最早的纳入标准的硬件描述语言。

VHDL 是美国国防部于 20 世纪 80 年代推出的，其全称为 Very High Speed Integrated Circuit Description Language，即超高速集成电路硬件描述语言，该语言于 1987 年（IEEE STD 1076/1987）和 1993 年（IEEE STD 1076/1993）两次被定为 IEEE 的标准。

1. VHDL 的组成

VHDL 主要用于描述数字系统的结构、行为、功能和接口。VHDL 的程序结构特点是将一项工程设计，或称为设计实体（可以是一个元器件、一个电路模块或一个电路子系统）分成外部（或称可视部分，即端口）和内部（或称不可视部分，即设计实体的内部功能和算法完成部分）。

VHDL 源程序主要包括实体、结构体、库、配置和程序包五部分，其中实体、结构体和库是 VHDL 源程序所必需的。

（1）实体

用 VHDL 进行设计，无论源程序简单与复杂，都可以看成一个元器件。而实体部分就是对这个元器件与外部电路之间的接口进行的描述，即可以看成元器件引脚的定义。

实体部分的书写结构如下：

```
ENTITY 实体名 IS
  [GENERIC(类属表);]
  [PORT(端口表);]
END 实体名;
```

实体名由设计者自己确定，但必须遵守 VHDL 标识符的有关书写规则，最好根据电路的功能来给实体取名称，例如 ADDER8B 代表 8 位加法器等。

类属说明语句中的类属是一种端口界面常数，通常放在实体的说明部分，为所说的环境提供一种静态的信息。通过类属参数的设置，设计者可以很方便地改变电路的结构和规模。

例如：

```
ENTITY chip1 IS
    GENERIC(n:INTEGER: =16);
    PORT…
```

此例中通过设定类属参数 n 来设定地址总线的宽度,虽然此处的类属参数赋值为常数,但与普通的常数不同,类属可以从实体外部动态地接受赋值。

端口说明语句是对设计实体外部端口的说明,主要包括对端口的名称、输入输出模式和数据类型进行定义。

说明的格式如下:

```
PORT(端口名1:端口模式 数据类型;
     端口名2:端口模式 数据类型);
```

其中端口名是设计者为每一个对外通道所起的名字,端口模式是指这些通道上数据的流动方式,数据类型是指端口上流动的数据的表达格式或取值类型,VHDL 要求只有相同数据类型的端口信号与操作数才能相互作用。

端口模式主要有 IN、OUT、INOUT 和 BUFFER 四种。IN 模式是输入端口,通过此端口将数据读入设计实体中,为单向模式。OUT 模式是输出端口,通过此端口将数据输出到实体外,为单向模式。INOUT 为双向模式,可以读入,也可以读出。而 BUFFER 模式为具有数据读入功能的输出端口,即可以将输出至端口的信号回读,从本质上看仍为 OUT 模式,与双向模式的区别是回读的信号是内部产生并保存的,而不是外部输入的。

(2) 结构体

实体用于描述引脚,而结构体用于描述元器件内部的结构和逻辑功能。结构体可以由以下部分组成:

1) 数据类型、常数、信号、子程序及元器件等元素的说明。
2) 对实体逻辑功能的描述,包括各种形式的顺序描述语句和并行描述语句。
3) 用元器件例化语句对外部元器件(设计实体)端口间的连接方式的说明。

因此可以说结构体是设计实体的具体实现。

结构体的语句格式如下:

```
ARCHITECTURE 结构体名 OF 实体名 IS
    [说明语句;]
BEGIN
    [功能描述语句;]
END  结构体名;
```

其中实体名必须是该结构体所对应的实体的名字。说明语句是对后面将要用到的信号(SIGNAL)、数据类型(TYPE)、常数(CONSTANT)、元器件(COMPONENT)、函数(FUNCTION)和过程(PROCEDURE)等加以说明。说明语句必须放在关键字"ARCHITECTURE"和"BEGIN"之间,但其是可选的,根据实际电路的需要来确定。功能描述语句可以包含五种不同类型的以并行方式工作的语句,而每一个语句结构内部可以包含并行运行的描述语句或顺序运行的描述语句。这五种语句结构分别是块语句（BLOCK）、进程语句（PROCESS）、信号赋值语句、子程序调用语句和元器件例化语句。

（3）库

利用 VHDL 进行设计时，为了提高设计效率以及使设计符合某些语言标准或数据格式，有必要将一些有用的信息汇集在一个或几个库中以供调用。这些信息可以是预先定义好的数据类型、子程序以及预先设计好的实体等。

如果在设计中需要用到库中的资源，就要在实体语句之前使用库语句和 USE 语句打开有关的库和程序包，从而可以在设计中任意调用其中的内容。通常，库中放置了不同数量的程序包，而程序包中又放置了不同数量的程序模块，包括函数、过程、设计实体等基础设计单元。

库说明语句的基本格式如下：

> LIBRARY 库名；
> USE 库名．程序包名．项目名；

在综合的过程中，当综合器在 VHDL 的源文件中遇到库语句时，就将库语句指定的内容读入，并参与综合。

VHDL 程序设计中常用的库有以下几种：IEEE 库、STD 库和 WORK 库。IEEE 库是 VHDL 设计中最常用的库，其中包括符合 IEEE 标准的程序包 STD_LOGIC_1164 和 STD_LOGIC_ARITH、STD_LOGIC_SIGNED、STD_LOGIC_UNSIGNED 等。STD 库中包括 STANDARD 和 TEXTIO 两个程序包，由于 STD 库是自动打开的，因此设计中不需要再用语句打开。WORK 库是 VHDL 设计的现行工作库，用于存放用户设计和定义的一些设计单元和程序包，可以看成是用户的临时仓库。WORK 库自动满足 VHDL 标准，而 VHDL 标准规定 WORK 库总是可见的，因此也不需要以显式说明。

基于 WORK 库的基本概念，使用 VHDL 进行设计时，不允许将设计文件保存在根目录下，而是必须为设计项目建立一个文件夹，VHDL 综合器将此目录默认为 WORK 库。

（4）程序包

一般情况下程序包由以下四种基本结构组成：

1）常数说明。在程序包中可以预定义一些常数，如系统的数据总线宽度等。
2）数据类型说明。可以在程序包中定义一些在整个设计中通用的数据类型。
3）元器件定义。主要是说明在 VHDL 程序中参与例化的元器件对外的接口界面。
4）子程序。并入程序包的子程序有利于在设计中方便地进行调用。

程序包中的内容应具有良好的适用性和独立性，以提供给不同的设计实体访问和共享。

定义程序包的语句结构如下：

> PACKAGE 程序包名 IS
> 　　程序包首说明语句；
> END 程序包名；
> PACKAGE BODY 程序包名 IS
> 　　程序包内容说明语句；
> END 程序包名；

程序包首说明部分主要包括数据类型说明、信号说明、子程序说明以及元器件说明等，这些内容虽然也可以在设计实体中进行说明，但通常把常用的放到程序包中，这样有利于提高设计的效率和程序的可读性。

程序包体说明部分主要包括元器件或函数的说明。

（5）配置

可以用配置语句为一个设计实体搭配不同的结构体，以使设计者能够比较不同结构体的性能差别，或者为例化的元器件实体配置指定的结构体，从而形成一个层次化的设计实体，还可以用配置语句对元器件端口的连接进行重新安排等。

通常情况下配置是用来为较大规模的系统设计提供管理和组织的，主要用于 VHDL 的仿真，但需要注意的是配置语句只能在顶层设计文件中使用。

配置语句的格式如下：

> CONFIGURATION 配置名 OF 实体名 IS
>   配置说明语句；
> END 配置名；

当一个实体有多个结构体时，可以用配置语句为这个实体指定一个结构体。

2. VHDL 的特点

从利用 VHDL 设计数字逻辑硬件系统的过程可以看到，VHDL 具有多方面的优点。首先，VHDL 可以用来描述逻辑设计的结构，比如逻辑设计中有多少个子逻辑，这些子逻辑是如何连接的；其次，VHDL 并不十分关心一个具体逻辑是靠何种电路实现的，设计者可以把精力集中到电路所实现的功能上；然后，VHDL 采用类似高级语言的语句格式完成对硬件行为的描述，设计者还可以非常方便地比较各种方案的可行性和优劣性，大大降低了设计难度。总之，VHDL 描述能力强，覆盖了逻辑设计的诸多领域和层次，并支持众多的硬件模型。VHDL 具有良好的可读性和可移植性。

3. VHDL 的书写规则

和其他编程语言一样，VHDL 也有自己的书写规则和表达方式。

（1）标识符

标识符规则是 VHDL 中符号书写的基本规则要求，VHDL 的标识符有关键字（也称保留字）和自定义标识符两类。

常见的关键字有 99 个，如 ENTITY、ARCHITECTURE、LIBRARY、IS、END、IF、ELSE 等，在实际使用中去查相关的标准文件即可。

自定义标识符即用户在程序中给信号、变量、常数、端口等起的名字。

基本规则如下：

1）VHDL 的标识符不区分大小写，建议关键字以大写字母表示，自定义标识符以小写字母表示。

2）VHDL 的标识符可以使用 26 个大小写英文字母、数字 0~9、下画线。

3）VHDL 的标识符必须以英文字母开头。

4）下画线的前后必须有英文字母或数字。

5）不能使用 VHDL 的关键字作为自定义标识符。

(2) 数值型文字

数值型文字主要包括数字型文字、字符串型文字和数位串型文字。

1) 数字型文字一般包括十进制型和非十进制型。十进制型一般有整数型、实数型，非十进制型一般有二进制、八进制和十六进制型。

常见的数字型文字如下：

整数型：5E6 = 5000000。

实数型：5.124E - 3 = 0.005124，必须带小数点。

常见的非十进制型文字如下：

16#78#0：表示十六进制数 78。

由上述表达式可以看出，用这种方式表示的数由五部分组成：第一部分表示数制基数；第二部分是数制隔离符；第三部分是数字；第四部分是指数隔离符；第五部分是指数部分，如果为 0 可以不写。

再如：

2#1111_1110#0：表示二进制数 11111110。

8#376#0：表示八进制数 376。

16#E#E1：表示十六进制数 E0。

2) 字符串型文字可以分为单个字符和字符串。字符是用单引号引起来的 ASCII 字符，如常用的大小写字母、数字：'R'、'2'、'*'，注意 2 和'2'是不同的。字符串是用双引号引起来的 ASCII 字符，例如常用的一些英文提示" ERROR "、" Both A and B equal 1 "。注意字符和字符串是区分大小写的。

3) 数位串型字符也称位矢量，表示二进制、八进制或十六进制的一维数组。表达形式为：首先是数制基数，然后把要表示的数放在双引号中。数制基数用 B、O、X 分别表示二进制、八进制和十六进制。

例如：

B " 1101_1011 "：二进制数组，矢量长度为 8 位。

O " 15 "：八进制数组，矢量长度为 6 位。

X " AD0 "：十六进制数组，矢量长度为 12 位。

需要注意的是，在语句中，整数的表示不加引号，逻辑位的数据必须加引号，单个位的数据用单引号，多位数据用双引号。

(3) 下标名和段名

下标名用于表示数组型变量或信号的某一元素，格式如下：

标识符（表达式）

其中标识符必须是数组型变量或信号的名字，表达式所代表的值必须在数组下标范围内。

段名即多个下标名的组合，对应于数组中的某一段元素，格式如下：

标识符（表达式 方向 表达式）

这里的标识符也必须是数组型变量或信号的名字，表达式所代表的值必须在数组下标范围内。方向用 TO 或 DOWNTO 来表示，TO 表示下标序列由低到高，DOWNTO 表示下标序列由高到低。

例如：
SIGNAL A:BIT_VECTOR(0 TO 3);
SIGNAL A:BIT_VECTOR(0 TO 3);
SIGNAL M:INTEGER RANGE 0 TO 3;
SIGNAL Y,Z:BIT;
Y <= A(M);
Z <= B(3);
…

其中，Y <= A(M)是不可计算的下标，Z <= B(3)是可计算的下标。

2.2 VHDL 数据类型

VHDL 属于强语言类型，程序中使用的所有信号、变量和常量均需要指定数据类型。

1. 数据对象

数据对象是指可以接受赋值的目标。VHDL 中的数据对象主要有三类：信号（SIGNAL）、变量（VARIABLE）和常量（CONSTANT）。从硬件的角度看，信号和变量相当于电路中的连线及连线上的信号，常量则相当于电路中的恒定值，如 Vdd 或 GND。

定义信号的语法格式如下：

> SIGNAL 信号名:数据类型:＝初值；

定义变量的语法格式如下：

> VARIABLE 变量名:数据类型:＝初值；

定义常量的语法格式如下：

> CONSTANT 常量名:数据类型:＝初值；

注意，尽管 VHDL 允许给信号和变量设置初值，但初始值的设置不是必需的，且初始值仅在仿真时有效，在综合时是没有意义的。

2. 预定义数据类型

VHDL 的预定义数据类型是在标准程序包 STANDARD 中定义的，自动包含在 VHDL 的源文件中，因此不必用库说明语句调用。

比较常用的预定义数据类型主要有：布尔型、位型、位矢量型、字符型、整数型、自然数和正整数型、实数型、字符串型、时间型等。

（1）布尔（BOOLEAN）数据类型

布尔数据类型实际是一个二值枚举数据类型，取值为 FALSE 和 TRUE 两种。例如，当 A＞B 时，表达式（A＞B）的结果是布尔量，综合器会将其转换为 1 或 0 信号值。

（2）位（BIT）数据类型

位数据类型也属于枚举型，取值只能是 1 或 0，可以参与逻辑运算，运算结果仍是位数据类型。

(3) 位矢量（BIT_VECTOR）数据类型

位矢量就是一组位数据，使用位矢量必须注明宽度，即数组中位的个数和排列。

例如：

SIGNAL A:BIT_VECTOR(7 DOWNTO 0)；

最左位是 A(7)，最右位是 A(0)。

(4) 字符（CHARACTER）数据类型

字符数据类型要用单引号括起来，如' A '，字符数据类型是区分大小写的。

(5) 整数（INTERGE）数据类型

在使用整数时，要用 RANGE 子句定义取值范围，以便综合器决定表示此信号或变量的二进制数的位数。

例如：

SIGNAL NUM:INTERGE:RANGE 0 TO 15；

定义一个整数型信号 NUM，取值范围是 0~15，可用 4 位二进制数表示，因此 NUM 将被综合成 4 条信号线构成的总线形式。

(6) 自然数（NATURAL）和正整数（POSITIVE）数据类型

自然数是整数的一个子类型，即 0 和正整数，正整数是非 0 的自然数。

(7) 实数（REAL）数据类型

VHDL 中的实数类似于数学上的实数，取值范围是 -1.0E38~1.0E38。实数类型一般只能在仿真器中使用，综合器不支持实数，因为实数在电路上实现非常复杂。

(8) 字符串（STRING）数据类型

字符串数据类型是字符数据类型的一个非约束数组，要用双引号标明。

例如：

STRING var : = " abcd "；

(9) 时间（TIME）数据类型

这是一个物理类型，包括整数和单位两部分，之间至少留一个空格，如 20 ns。时间数据类型也只能用于仿真，综合器不支持。

3. 预定义标准逻辑位和矢量

在 IEEE 库的程序包 STD_LOGIC_1164 中定义了两个重要的数据类型，即标准逻辑位 STD_LOGIC 和标准逻辑矢量 STD_LOGIC_VECTOR。

(1) 标准逻辑位（STD_LOGIC）数据类型

STD_LOGIC 数据类型共定义了 9 种状态值，见表 2-1。

对于综合器而言，能够在数字器件中实现的只有 4 种值，即 X、0、1、Z。其他 5 种值也存在，而且对行为仿真有重要的意义。

(2) 标准逻辑矢量（STD_LOGIC_VECTOR）数据类型

STD_LOGIC_VECTOR 是 STD_LOGIC_1164 中定义的标准一维数组，数组中每个元素的数据类型都是标准逻辑位 STD_LOGIC。

第 2 章　VHDL 程序设计

表 2-1　STD_LOGIC 数据类型定义的状态值

U	未初始化的	W	弱未知的
X	强未知的	L	弱 0
0	强 0	H	弱 1
1	强 1	--	忽略
Z	高阻态		

实际使用中应注意数组的位宽，只有同位宽、同数据类型的矢量之间才能进行赋值。

在使用这些数据类型时要用 IEEE 语句和 USE 语句打开库中的相应的程序包。

4. 其他预定义数据类型

以上介绍的是最常用的数据类型，此外还有多种数据类型可以使用，如无符号型（UNSIGNED）、有符号型（SIGNED）等，可以用来设计可综合的数字运算电路。

UNSIGNED 类型代表无符号的数值，在综合时被解释为一个二进制数，而 SIGNED 类型表示一个有符号的数值，在综合时被解释为补码。

如果要使用这些数据类型，需要打开相应的程序包：

```
LIBRARY IEEE;
USE IEEE.STD_LOGIC_ARITH.ALL;
```

5. 自定义数据类型的方法

除了上述一些标准的预定义数据类型外，VHDL 还允许用户自定义新的数据类型。可以由用户自定义的数据类型有多种，如枚举类型（ENUMERATION TYPES）、数组类型（ARRAY TYPES）等。用户自定义数据类型要用类型定义语句 TYPE 或子类型定义语句 SUBTYPE。

TYPE 语句的语法格式如下：

　　　　TYPE 数据类型名 IS 数据类型定义 OF 基本数据类型；

或

　　　　TYPE 数据类型名 IS 数据类型定义；

例如：

```
TYPE SZ1 IS ARRAY(0 TO 15) OF STD_LOGIC_VECTOR(7 DOWNTO 0);
TYPE STATES IS (ST0,ST1,ST2,ST3);
```

第一个语句定义了数据类型 SZ1，它是具有 16 个元素的数组，数组中每个元素的数据类型都是 STD_LOGIC_VECTOR（7 DOWNTO 0）。

第二句定义了一个有 4 种不同状态的枚举类型 STATES，VHDL 综合器会自动对它们进行编码，如 ST0 是 "00"，ST2 是 "10"。

SUBTYPE 语句的语法格式如下：

　　　　SUBTYPE 子类型名 IS 基本数据类型 RANGE 约束范围；

子类型的定义只是在基本数据类型上做一些约束，并没有定义新的数据类型，这是它与 TYPE 语句最大的不同之处。

在实际应用中,应尽可能使用子类型语句设定约束范围,这样可使综合器有效地推知参与综合的寄存器的最适合的数目,有利于提高综合优化的效率。

6. 数据类型的转换

VHDL 是一种强类型语言,不同类型的数据对象在相互操作时必须进行数据类型的转换。数据类型转换的方式有多种,如调用算符重载函数、调用预定义类型转换函数、自定义转换函数等。

VHDL 的标准程序包中提供了一些常用的转换函数,使用这些现成的类型转换函数实现数据类型的转换是非常方便的。

7. 操作符

VHDL 表达式中的基本元素是由不同类型的运算符连接而成的,基本元素称为操作数,运算符称为操作符。VHDL 要求进行运算的操作数必须是相同的数据类型,而且必须与操作符所要求的数据类型一致。因此设计者不仅要了解操作符的功能,还要了解操作符所要求的数据类型。例如,加减运算的操作数必须是整数数据类型。

VHDL 有 4 种基本的操作符,即逻辑操作符、关系操作符、算术操作符和符号操作符。

(1) 逻辑操作符

VHDL 共有 7 种基本的逻辑操作符:AND、OR、NAND、NOR、XOR、XNOR、NOT。它们可以分别对 BIT 或 BOOLEAN 类型的数据进行最基本的逻辑运算。由于 STD_LOGIC_1164 程序包中对这些操作符进行了重新定义,因此这些操作符也可以用于 STD_LOGIC 类型的数据。

通常,在一个表达式中有两个以上的操作符时,要用括号将这些运算分组。如果一串运算的操作符相同,且是 AND、OR 和 XOR 中的一个,则不需要使用括号。如果一串运算中的操作符不同或有这三种之外的操作符,则必须使用括号。

例如:

```
SIGNAL a,b,c : STD_LOGIC_VECTOR(3 DOWNTO 0);
SIGNAL d,e,f,g: STD_LOGIC_VECTOR(1 DOWNTO 0);
SIGNAL h,i,j,k:STD_LOGIC;
a <= b and c;
d <= e or f or g;
h <= (i nand j) nand k;
```

其中错误的表达有:

h <= i and j or k 操作符不同,未加括号。

a <= b and e 操作数的位宽不同。

逻辑操作符可以直接构成电路。

(2) 关系操作符

作用是将相同数据类型的操作数进行比较或排序,并将结果以 BOOLEAN 类型的值表示出来,即 TRUE 或 FALSE 两种。

关系操作符主要有以下几种:=(等于)、/=(不等于)、>(大于)、<(小于)、>=(大于等于)和 <=(小于等于)。

VHDL 规定等于和不等于操作符适用于任何数据类型。其余的操作符称为排序操作符，它们的操作数据包括枚举类型、整数类型以及由枚举类型和整数类型组成的一维数组。

（3）算术操作符

VHDL 的算术操作符主要包括：+（加）、-（减）、*（乘）、/（除）、&（并置）、MOD（取模）、REM（取余）、SLL（逻辑左移）、SRL（逻辑右移）、SLA（算术左移）、SRA（算术右移）、ROL（逻辑循环左移）、ROR（逻辑循环右移）、**（乘方）、ABS（绝对值）。

其中，+、-、MOD、REM、** 和 ABS 适用于整数，* 和/适用于整数和实数，移动操作符适用于 BIT 或 BOOLEAN 型一维数组，& 适用于一维数组。

并置操作符也称为连位符，可以将位连接成位矢量，也可以将两个位矢量连接成一个更大的位矢量。

（4）符号操作符

符号操作符"+"和"-"的操作数只有一个，操作数的数据类型是整数，"+"操作符对操作数不做任何改变，"-"操作符的返回值是对操作数取负的值。

（5）操作符的优先级

操作符是有优先级别的，以下列出了操作符的优先级别，由上至下级别依次降低。

```
NOT、ABS、**
*、/、MOD、REM
+、-（正负）
+、-、&
SLL、SLA、SRL、SRA、ROL、ROR
=、/=、<、<=、>、>=
AND、OR、NAND、NOR、XOR、XNOR
```

2.3　VHDL 的基本语句

2.3.1　顺序语句

顺序语句（Sequential Statements）即实现的功能与书写顺序是一致的。语句的先后顺序有因果关系，通常用来描述各种逻辑功能，即算法的实现。

顺序语句只能在进程（Process）和子程序中使用。

VHDL 有以下 6 种顺序语句：赋值语句、流程控制语句、等待（WAIT）语句、返回（RETURN）语句、空操作语句和子程序调用语句。

1. 赋值语句

赋值语句的功能就是将一个值或一个表达式的结果传递给某一个数据对象，如信号或变量。VHDL 设计实体内的数据传递以及对外部数据的读写都是通过赋值语句来实现的。

赋值语句有两种，即信号赋值语句和变量赋值语句。每一种赋值语句都由 3 个基本部分组成，即赋值目标、赋值符号和赋值源。赋值目标是所赋值的受体，它可以是信号或变量。

赋值符号只有两种，信号赋值符号是"<="，变量赋值符号是"：="。赋值源是赋值的主题，它可以是一个数值或表达式。VHDL 规定赋值目标和赋值源的数据类型必须一致。

基本格式如下：

> 变量赋值目标：= 赋值源；
> 信号赋值目标 <= 赋值源；

变量赋值与信号赋值的区别在于变量是一个局部的、暂时性的数据对象，它的有效性只局限于一个进程或一个子程序中，对它的赋值是立即有效的；信号具有全局特征，它不但可以作为一个设计实体内部各部分之间数据传送的载体，而且可通过信号与其他的实体进行通信，对信号的赋值不是立即生效的，而是在进程结束时进行的。

除了这两种赋值语句之外，还有一种特殊的赋值语句，即省略赋值语句，主要用在位数较多的矢量赋值语句中，为了简化表达式，可以使用短语"（OTHERS = >X）"做省略化的赋值。例如，A1 为一个 4 位宽的信号，赋值语句 A1 <= （OTHERS = >'0'），等同于 A1 <= "0000"，而且 A1 的位数不受限制。

2. 流程控制语句

流程控制语句是通过设置条件、判断条件是否成立来控制语句的执行的。主要有 5 种：IF 语句、CASE 语句、LOOP 语句、NEXT 语句、EXIT 语句。

（1）IF 语句

IF 语句是最重要的语句结构之一，它根据语句中设置的一种或多种条件，有选择地执行指定的顺序语句。

基本格式主要有如下四种：

IF 条件句 THEN
　顺序语句；
END IF;
	IF 条件句 THEN
	　顺序语句；
	ELSE
	　顺序语句；
	END IF;
		IF 条件句 THEN
		IF 条件句 THEN
		　顺序语句；
		END IF;
		END IF;
			IF 条件句 THEN
			　顺序语句；
			ELSIF 条件句 THEN
			　顺序语句；
			ELSE 顺序语句；
			END IF;

IF 语句中至少要有一个条件句，条件句必须是一个 BOOLEAN 类型的表达式。

（2）CASE 语句

CASE 语句能根据满足的条件直接选择多项顺序语句中的一项执行。

语句格式如下：

> CASE 表达式 IS
> 　WHEN 选择值 = >顺序语句 1；
> 　WHEN 选择值 = >顺序语句 2；
> 　…
> 　END CASE；

根据表达式的值来选择对应选择值的语句，每一个选择值只能出现一次，而且选择值要包含表达式所有的可能值，否则在最后必须用"OTHERS"表示。

（3）LOOP 语句

LOOP 是循环语句，一般为 FOR-LOOP 组合。它可以使一组顺序语句循环执行，执行次数由设定的循环变量和循环次数范围来决定。

语法格式如下：

> ［标号:］FOR 循环变量 IN 循环次数范围 LOOP
>   顺序语句；
> END LOOP ［标号］；

FOR 后面的循环变量是一个临时变量，属于 LOOP 语句的局部变量，不必事先定义。

（4）NEXT 和 EXIT 语句

NEXT 和 EXIT 语句主要用在 LOOP 语句内进行有条件的或无条件的转向控制。

NEXT 语句是开始执行下一次的循环，不再执行循环中 NEXT 语句之后的语句。EXIT 语句则直接退出当前循环。

3. WAIT 语句

在进程（包括过程）中，当执行到 WAIT 语句时，程序将被挂起（Suspension），直到设定的条件满足后再重新开始运行。

WAIT 语句的主要语法结构有以下三种：

> WAIT ON 信号表；
> WAIT UNTIL 条件表达式；
> WAIT FOR 时间表达式；

一般情况下，只有第二种形式的 WAIT 语句才能被综合，其他两种形式的等待语句只能用于仿真。

4. RETURN 语句

RETURN 语句只能用于子程序中（过程和函数），有两种格式：

> RETURN；
> RETURN 表达式；

第一种形式只能用于过程，其功能是结束过程，并不返回任何值；第二种语句格式只能用于函数，并且必须返回一个值。

5. NULL 语句

NULL 语句即空语句，不做任何操作，其功能是使子程序进入下一条语句的执行。NULL 语句常用于 CASE 语句中，用来代替其余可能出现的情况。

2.3.2 并行语句

并行语句（Concurrent Statements）是最具有硬件描述特色的。并行语句在结构体中的执行是同步的、同时的，与书写的顺序无关。并行语句之间可以有信息往来，也可以是互相独立或异步运行的。

VHDL 中并行语句主要有以下 7 种：块（BLOCK）语句、进程（PROCESS）语句、并行信号带入语句、条件信号赋值语句、选择信号赋值语句、元器件例化语句和生成语句。

1. BLOCK 语句

BLOCK 语句就是将一个大的设计实体划分成若干个功能模块，这种划分只是形式上的，主要目的是改善程序的可读性，对程序的移植、排错和仿真也是有益的。

块语句的格式如下：

```
块标号:BLOCK[(保护表达式)]
        接口说明语句；
        类属说明语句；
    BEGIN
        并行语句；
    END BLOCK 块标号；
```

2. PROCESS 语句

PROCESS 语句不是单条语句，而是由顺序语句组成的程序结构，其基本语法结构如下：

```
[进程标号:]PROCESS[(敏感信号表)][IS]
        [进程说明语句；]
    BEGIN
        顺序语句；
    END PROCESS[进程标号]；
```

进程语句是 VHDL 程序中用来描述硬件电路工作行为的最常用、最基本的语句结构，一个进程可以看做是设计实体中的一部分功能相对独立的电路模块。

在进程说明部分可以定义一些局部量，包括数据类型、变量、常数、属性、子程序等，这些定义只在本进程中有效。但要注意，由于信号具有全局性，是各个进程间进行通信的重要途径，因此，在进程说明部分不允许定义信号。

进程只有两种状态，即执行状态和等待状态，进程是否进入执行状态取决于敏感信号，一旦敏感信号发生变化，即进入执行状态，遇到 END PROCESS 时结束。

3. 并行信号代入语句

这是 VHDL 并行语句中最基本的结构，格式如下：

```
赋值目标 <= 表达式；
```

其中赋值目标必须是信号，两边的数据类型必须一致。一条并行信号代入语句实际上就是一个进程语句的缩写，其赋值源表达式中的各个信号都是此进程的敏感信号。

4. 条件信号赋值语句

条件信号赋值语句的基本格式如下：

```
赋值目标 <= 表达式 WHEN 赋值条件 ELSE
         表达式 WHEN 赋值条件 ELSE
         …
         表达式；
```

与 IF 语句优点类似。

条件信号赋值语句不能在进程中使用。

5. 选择信号赋值语句

选择信号赋值语句的基本语法格式如下：

```
WITH 选择表达式 SELECT
赋值目标 <= 表达式 WHEN 选择值,
         表达式 WHEN 选择值,
         …
         表达式 WHEN 选择值；
```

选择信号赋值语句也不能在进程中使用，其功能与 CASE 语句类似。选择信号赋值语句的敏感变量是 WITH 旁边的选择表达式。

6. 元器件例化语句

元器件例化就是将事先设计好的实体看做一个元器件，然后在新的设计文件中用专门的语句调用这个元器件，并定义一种连接关系，将此元器件与当前设计实体中指定的信号和端口相连接，从而构成一个更大的、新的系统。这个元器件可以是一个已经设计好的 VHDL 程序，也可以是用其他硬件描述语言（如 Verilog）设计的实体，还可以是来自元器件库中的元器件，或者是 FPGA 的 IP（Intellectual Property，即知识产权，指的是通过智力创造性劳动所获得的成果，并且是由智力劳动者对成果依法享有的专有权利）核。

元器件例化语句由两部分组成，前一部分将事先设计好的实体定义为一个元器件，第二部分是定义此元器件与当前设计实体的连接关系。

元器件定义语句：

```
COMPONENT 元器件名
    GENERIC(类属表)；
    PORT(端口名)；
END COMPONENT 元器件名；
```

元器件例化语句：

```
例化名:元器件名 PORT MAP([端口名 = >] 连接端口名,…)；
```

其中元器件定义语句通常应当放在当前设计文件的结构体说明部分，语句中的元器件名是该元器件设计文件中的实体名，端口名是该元器件设计文件中定义的端口名。

元器件例化语句中的例化名是必需的，它相当于当前电路系统中的一个插座名，而元器件名就是上面定义好的元器件名。PORT MAP 是端口映射语句，括号中的端口名指被调用元器件的端口名,连接端口名是指当前系统中准备与之相连的端口名,=>是关联符号。

在端口映射语句中,连接关系的方式有两种:一种是名字关联方式,端口名、关联符号和连接端口名都是必需的,但在 PORT MAP 中的位置是随意的;另一种是位置关联方式,端口名和关联符号都可以省略,但连接端口名的排列顺序必须与定义元器件端口名表中的端口名一一对应。

7. 生成语句

生成语句具有一种复制作用,能用来在结构体中产生多个相同的结构或逻辑描述。生成语句有两种形式。

(1) FOR-GENERATE

该语句可以根据 FOR 循环的次数生成对应数量的结构。

```
[标号]:FOR 循环变量 IN 取值范围 GENERATE
    生成语句;
    END GENERATE[标号];
```

(2) IF-GENERATE

该语句可以根据条件是否成立来决定生成结构。

```
[标号]:IF 条件 GENERATE
    生成语句;
    END GENERATE[标号];
```

2.4 VHDL 程序设计描述方式

VHDL 设计电路是在结构体中具体描述整个设计实体的逻辑功能的,对于同样的电路功能,可以使用不同的语句和不同的描述方式来表达,在 VHDL 中,通常将各种不同的描述方式归纳为行为描述、寄存器传输级(Register Transfer Level,RTL)描述和结构描述三种方式。

1. 行为描述

行为描述即在结构体中只描述了电路的功能或电路的行为,而没有涉及实现这些行为的硬件结构。简而言之,行为描述只涉及输入和输出之间的转换关系,即规定电路的行为,而不包含任何结构信息。

行为描述是一种抽象程度比较高的描述方式,其优越性在于可以使设计者专注于电路行为的描述,而不需要考虑具体的电路结构。

与其他硬件描述语言相比,VHDL 更适合进行行为描述,因此也把 VHDL 称为行为描述语言。

2. RTL 描述

RTL 描述也称为数据流描述,是寄存器传输语言的简称。一般来说,RTL 描述主要是通过并行信号赋值语句来实现的,类似于布尔方程,可以描述时序电路,也可以描述组合电路。

一般来说,用 RTL 方式完成的设计可控性好,综合优化的效率也更高。通常从事 ASIC

开发应使用这种描述方式,一般认为 Verilog 语言更适合进行 RTL 描述。

3. 结构描述

结构描述是一种基于元器件例化语句或生成语句的描述风格。它主要是描述各元器件之间的互相关系,将一个大的设计分成若干个小的单元,逐一完成各单元的设计,然后用结构描述的方式将它们组装起来,形成更复杂的设计,体现了模块化的设计思想。

4. 各种描述方式的实例

（1）二选一多路开关的行为描述

```
LIBRARY IEEE;
USE IEEE.STD_LOGIC_1164.ALL;
USE IEEE.STD_LOGIC_ARITH.ALL;
USE IEEE.STD_LOGIC_UNSIGNED.ALL;

ENTITY sel2_1 IS
   PORT( a,b : IN STD_LOGIC;
         sel : IN STD_LOGIC;
         y : OUT STD_LOGIC);
END sel2_1;
ARCHITECTURE behave OF sel2_1 IS
   BEGIN
       y <= a WHEN sel = '0' ELSE
            b WHEN sel = '1';
END behave;
```

（2）二选一多路开关的 RTL 描述

```
LIBRARY IEEE;
USE IEEE.STD_LOGIC_1164.ALL;
USE IEEE.STD_LOGIC_ARITH.ALL;
USE IEEE.STD_LOGIC_UNSIGNED.ALL;

ENTITY sel2_1_rtl IS
   PORT (a,b : IN STD_LOGIC;
         s:IN STD_LOGIC;
         y:OUT STD_LOGIC);
END sel2_1_rtl;
ARCHITECTURE behave OF sel2_1_rtl IS
   BEGIN
       y <= (b and s)or(not s and a);
END behave;
```

（3）一位半加器的 RTL 描述

```
LIBRARY IEEE;
USE IEEE.STD_LOGIC_1164.ALL;
USE IEEE.STD_LOGIC_ARITH.ALL;
USE IEEE.STD_LOGIC_UNSIGNED.ALL;

ENTITY adder1h IS
   PORT (a,b : IN STD_LOGIC;
         s,c:OUT STD_LOGIC);
END adder1h;

ARCHITECTURE behavioral OF adder1h IS
   BEGIN
     s <= a xor b;
     c <= a and b;
END behavioral;
```

（4）一位全加器的结构描述

用结构描述的方式设计一个一位全加器时，习惯上利用两个半加器和一个或门来实现。

1）或门的 RTL 描述：

```
LIBRARY IEEE;
USE IEEE.STD_LOGIC_1164.ALL;
USE IEEE.STD_LOGIC_ARITH.ALL;
USE IEEE.STD_LOGIC_UNSIGNED.ALL;

ENTITY or_2 IS
   PORT (a,b : IN STD_LOGIC;
         c:OUT STD_LOGIC);
END or_2;
ARCHITECTURE rtl1 OF or_2 IS
   BEGIN
     c <= a or b;
END rtl1;
```

2）一位全加器的结构描述：

```
LIBRARY IEEE;
USE IEEE.STD_LOGIC_1164.ALL;
USE IEEE.STD_LOGIC_ARITH.ALL;
USE IEEE.STD_LOGIC_UNSIGNED.ALL;

ENTITY adder1f IS
   PORT (a,b,ci : IN STD_LOGIC;
         s,co : OUT STD_LOGIC);
END adder1f;

ARCHITECTURE fd1 OF adder1f IS
   COMPONENT adder1h
     PORT (a,b:IN STD_LOGIC;
           s,c:OUT STD_LOGIC);
   END COMPONENT;
   COMPONENT or_2
     PORT (a,b:IN STD_LOGIC;
           c: OUT STD_LOGIC);
   END COMPONENT;
SIGNAL D,E,F: STD_LOGIC;
   BEGIN
     U1:adder1h PORT MAP(a,b,c => D,s => E);
     U2:adder1h PORT MAP(a => ci,b => E,c => F,s => s);
     U3:or_2 PORT MAP(a => F,b => D,c => co);
END fd1;
```

完整的全加器的结构描述逻辑图如图 2-1 所示。

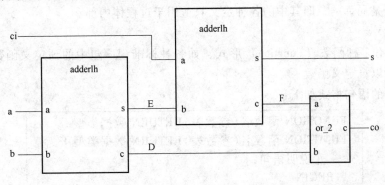

图 2-1 一位全加器的结构描述逻辑图

2.5 子程序

VHDL 也可以使用子程序（Subprogram），应用子程序的目的是为了更有效地完成重复性的工作。VHDL 的子程序有过程（Procedure）和函数（Function）两种形式。它们可以在 VHDL 程序的三个不同位置进行定义，即可以在程序包、结构体或进程中定义，只有在程序包中定义的子程序可以被其他设计调用。

对子程序的调用可以有两种语句，即顺序语句方式和并行语句方式。

过程和函数都是利用顺序语句来定义和完成算法的，即只能使用顺序语句。在函数中所有的参数都是输入参数，而过程中有输入参数、输出参数和双向参数；函数总是只有一个返回值，而过程可以提供多个返回值或没有返回值。在调用子程序的过程中，函数通常作为表达式代入一部分，常在赋值语句或表达式中使用，而过程往往单独存在，其行为类似于进程。

在实际使用中必须注意，每一次调用子程序都会产生相同结构的电路模块，每调用一次子程序就意味着增加了一个硬件电路模块，这和软件中调用子程序有很大的不同。因此在使用中要密切关注子程序的调用次数。

1. 过程

定义过程的语句格式如下：

```
PROCEDURE 过程名(参数表)
PROCEDURE 过程名(参数表) IS
   [说明语句;]
  BEGIN
   顺序语句;
END PROCEDURE 过程名;
```

过程语句由过程首和过程体两部分组成，其中过程首在程序包中定义过程时必须要有，在进程或结构体中定义过程时不必定义过程首。

在参数表中可以对常数、变量和信号三类数据对象进行说明，并用关键字 IN、OUT 和 INOUT 定义这些参数的模式，即信息的流向，默认的模式是 IN。

过程体是由顺序语句组成的，过程的调用即启动了过程体中的顺序语句的执行，过程体中的说明部分是局部的，即其中的各种定义只适用于过程体内部。

2. 函数

VHDL 中有多种函数（Function）形式，如各种标准程序包中的预定义函数、转换函数等，用户也可以自定义函数。

定义函数的语句格式如下：

```
FUNCTION 函数名(参数表)RETURN 数据类型
FUNCTION 函数名(参数表)RETURN 数据类型 IS
   [说明语句;]
  BEGIN
   顺序语句;
END FUNCTION 函数名;
```

函数定义也由函数首和函数体两部分组成，在程序包中定义函数时必须有函数首，而在进程或结构体中定义时可以不用函数首。函数的参数只能是输入值，可以是信号或常数，如果没有另行说明，则参数被默认为常数。

每个函数必须至少包含一个返回值，也可以有多个返回值，但在函数调用时只能有一个返回语句可以将值带出。

3. 过程与函数的实例

（1）过程的定义及调用

```
PACKAGE DATA_TYPES IS
SUBTYPE MY_TYPE IS INTERGE RANGE 0 TO 15;
TYPE MY_ARRAY IS ARRAY(1 TO 3) OF MY_TYPE;
END DATA_TYPES;
USE WORK.DATA_TYPES.ALL;

ENTITY SORT IS
  PORT(IN_ARRAY :IN MY_ARRAY;
       OUT_ARRAY:OUT MYARRAY);
END SORT;
ARCHITECTURE EXAMP1 OF SORT IS
  BEGIN
    PROCESS(IN_ARRAY)
    PROCEDURE SWAP (DATA:INOUT MY_ARRAY;
                    LOW,HIGH:IN INTERGE) IS
    VARIABLE TEMP : MY_TYPE;
     BEGIN
       IF(DATA(LOW) > DATA(HIGH)) THEN
         TEMP: = DATA(LOW);
         DATA(LOW): = DATA(HIGN);
         DATA(HIGH): = TEMP;
       END IF;
    END PROCEDURE SWAP;
    VARIABLE DATA_ARRAY : MY_ARRAY;
      BEGIN
        DATA_ARRAY: = IN_ARRAY;
        SWAP(DATA => DATA_ARRAY,LOW =>1,HIGN =>2);
        SWAP(DATA_ARRAY,2,3);
        SWAP(DATA_ARRAY,1,2);
        OUT_ARRAY <= DATA_ARRAY;
    END PROCESS;
END EXAMP1;
```

（2）函数的定义及调用

```
LIBRARY IEEE;
USE IEEE.STD_LOGIC_1164.ALL;
ENTITY FUNC IS
  PORT(A:IN STD_LOGIC_VECTOR(0 TO 2);
       M:OUT STD_LOGIC_VECTOR(0 TO 2));
END FUNC;
ARCHITECTURE EXAMP2 OF FUNC IS
  FUNCTION SAM(X,Y,Z:STD_LOGIC) RETURN STD_LOGIC IS
    BEGIN
      RETURN(X AND Y) OR Z;
    END FUNCTION SAM;
  BEGIN
    PROCESS(A)
    BEGIN
      M(0) <= SAM(A(0),A(1),A(2));
      M(1) <= SAM(A(2),A(0),A(2));
      M(2) <= SAM(A(1),A(2),A(0));
    END PROCESS;
END EXAMP2;
```

4. 子程序重载

子程序重载（RELOAD）是指两个或多个子程序使用相同的名字，VHDL 允许设计者用一个名字书写多个子程序，这些子程序的参数类型和返回值是不同的，在调用重名的子程序时，VHDL 根据下列因素决定调用哪一个子程序：

1）子程序调用中出现的参数数目。
2）调用中出现的参数类型。
3）调用中使用名字关联法时参数的名字。
4）子程序为函数时返回值的类型。

2.6 仿真和综合工具

2.6.1 仿真工具 ModelSim

源代码的仿真操作都是在 EDA 工具平台上进行的。ModelSim 是一种快速而又方便的 HDL 编译型仿真工具，支持 VHDL 和 Verilog HDL 的编辑、编译和仿真。

由于 ModelSim 是由 UNIX 下的 Quick HDL 发展而来的，因此 Windows 版本的 ModelSim 保留了部分的 UNIX 风格，可以使用键盘完成所有的操作，但同时也开发提供了用户图形界面接口。因此，ModelSim 有交互命令方式（即在 ModelSim 的主窗口通过输入命令实现编辑、编译和仿真操作）、图形用户交互方式（即通过菜单进行交互）和批处理方式（类似 DOS 的批处理和 UNIX 的 shell 工作方式）三种执行方式。

1. 主界面

ModelSim 主界面如图 2-2 所示。

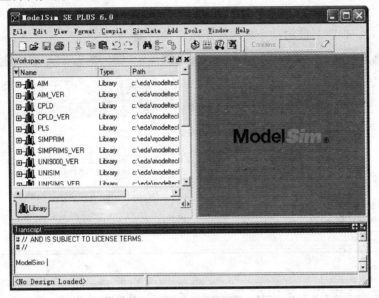

图 2-2 ModelSim 主界面

主窗口中包括标题栏（显示软件版本和文件路径）、菜单栏、工具栏、工作区、命令行窗口和状态栏等。在工作区中用树状列表的形式来显示库（Library）、工程源文件（Project）和设计仿真的结构。

2. ModelSim 的基本操作

第一次启动 ModelSim 时会出现 Welcome to ModelSim 对话框，可以从其中选择一项操作，也可以选择取消。

（1）新建工程

选择 File→New→Project 选项，打开 Create Project 对话框。

在对话框中输入工程的名称，同时要选择工程所处的位置，工程的所有相关文件都会保存在这个目录中。默认库名称一般不要去更改，库中主要放置通过编译的设计文件。

单击 OK 按钮，会出现一个 Add Items to the Project 对话框，可以添加一个已有的文件，或创建一个新文件，直接关闭该窗口。此时会看到工作区出现 Project and Library Tab，在 Project 标签中会列出该项目的文件，同时在 Library 标签中的 Work 子库会包含当前项目所编译的文件。

（2）添加源程序

选择 File→Add to Project→Existing File 选项，会出现一个 Add file to project 对话框，可以在当前项目中添加已经存在的源文件。或在 Project 标签中单击鼠标右键选择 Add to Project→Existing File 选项。

选择 File→New→Source 下的 VHDL 选项，新建一个源代码文件，输入相对应的源代码。

源代码输入完毕后,此时还没有把源代码加入到当前的工程项目中来,在工作区的项目标签中单击鼠标的右键,或选择 File→Add to Project 选项,然后选择其中的 Existing File…子菜单,在其中的 Filename 框中输入源文件的路径和名称,或者通过浏览按钮找到该文件。

注意,在 Add file to project 对话框中,有一个单选项,它表示是把源文件复制到当前工作目录还是在原位置参考引用。

ModelSim 添加源代码后的界面如图 2-3 所示。注意,在项目标签中多出一行,其中的状态列有一个问号,表明当前的这个源程序还没有进行编译。

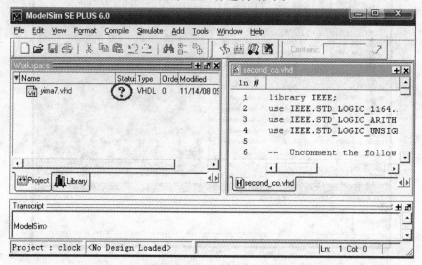

图 2-3 ModelSim 添加源代码后的界面

按照以上的操作方法继续添加所需要的源文件。一般情况下主要是添加功能源文件和测试源文件。

在项目标签中的源文件上单击鼠标右键或选择 Compile→Compile All 选项,可以对刚才添加的源文件进行编译。如果里面有很多个项目源文件,也可以只对其中一个进行编译,选择 Compile Selected 子菜单即可。

在命令行窗口中会对编译过程给出提示,如果没有错误,在项目标签中的 Status 栏会出现一个绿色的对号;如果有问题或错误,下面有提示,同时 Status 会显示红叉。在显示错误提示的位置(一般以红色字显示),双击鼠标左键,可以显示出源文件中所存在错误的有关信息。用户可以根据错误提示信息对源文件进行修改,然后保存并重新进行编译。

2.6.2 综合工具 ISE Design

设计的实体在编译和仿真无误后,就要进行综合,即把源程序转换为电路,此时就需要用综合工具。

ISE Design 是 Xilinx 公司开发的设计平台。

1. 启动软件

在桌面上双击 Project Navigator 图标,或在开始菜单中找到 Xilinx ISE 6 下的 Project Navigator 项单击启动,ISE6.2i 启动后的主界面如图 2-4 所示。

由界面可以看出,主要包括标题栏、菜单栏、工具按钮、Sources in Project 区、Proces-

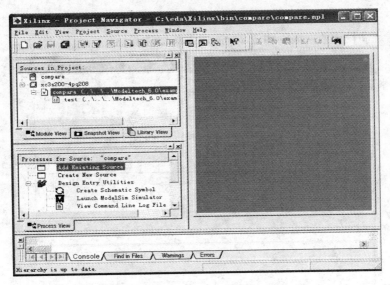

图 2-4　ISE6.2i 启动后的主界面

ses for Source 区、transcript 区和编辑区。

在 Sources in Project 区中,列出了当前工程项目中所有设计实体。

在 Processes for Source 区中,列出了当前工程项目的操作流程,其中也包括前面讲过的仿真操作,ISE Design 平台可以集成其他的仿真软件,如前面介绍过的 ModelSim 软件。具体设置方法是:选择菜单 Edit 下的 Preference 子菜单,单击 Integrated tools 标签,设置其中的 Model Tech Simulator 子项为仿真软件 ModelSim 的具体位置。

2. ISE Design 基本操作

ISE Design 平台是一个完整的开发平台,可以完成从源代码到电路输出的所有操作。

(1) 新建工程

选择菜单 File 下的 New Project 子菜单,会出现一个新建工程对话框,如图 2-5 所示。

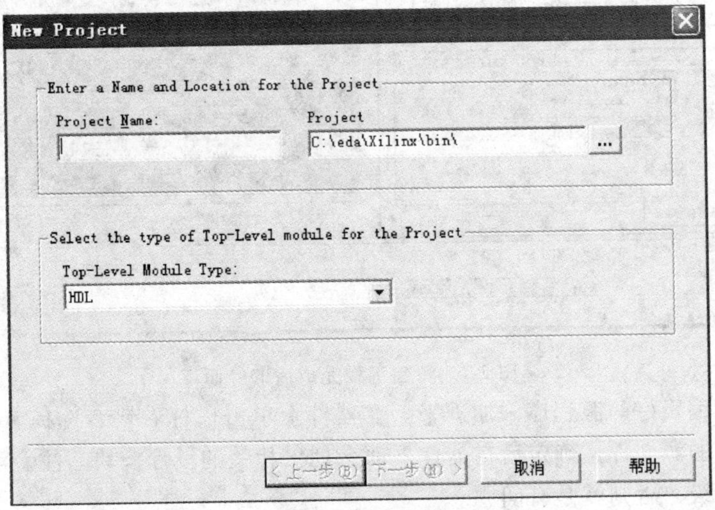

图 2-5　新建工程

输入工程项目的名称,选择顶层模型的类型(此处选 HDL)。

单击"下一步"按钮,出现一个工程项目参数设置对话框,此处主要设置该工程项目使用的一些器件和设计数据流,如图2-6所示,按图进行设置。

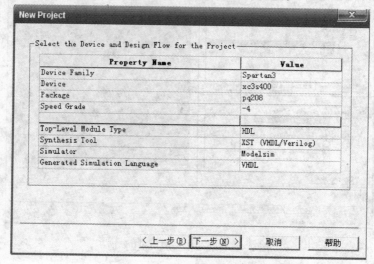

图2-6 工程项目参数设置

设置完成后单击"下一步"按钮,接下来出现的几个对话框都不需要设置,直接单击"下一步"按钮即可,直到最后的"完成"按钮。新建工程完成后的界面如图2-7所示。

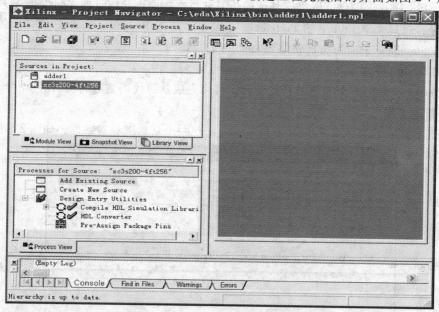

图2-7 新建工程完成后的界面

下面需要把编辑好的源程序添加进来。在器件上单击鼠标右键,选择 Add Source 选项,找到自己编辑好的源文件,确定后在器件下面会列出相关的设计模块。注意测试模块应该在设计模块的下一级,否则就是有问题。

当源文件比较大时,可以把设计实体和测试实体分成两个文件,分别进行添加。注意,在分开编写设计实体和测试实体时,要选择是设计文件还是测试文件。

(2) 编译仿真

选中其中的测试模块,双击 Process 窗口中的 Launch ModelSim Simulator 进行仿真操作。仿真没有问题再进行综合操作。

(3) 综合

综合的主界面如图 2-8 所示。在这个界面下可以展开 Design Entry Utilities 选项,双击鼠标执行其中的 Creat Schematic Symbol 选项,创建电路符号;展开 Implement Design 选项,双击鼠标执行其中的 Place & Route 选项,进行布局、布线得到内部的电路图;展开 Synthesize-XST 选项,双击鼠标执行其中的 View RTL Schematic 选项,查看电路图。

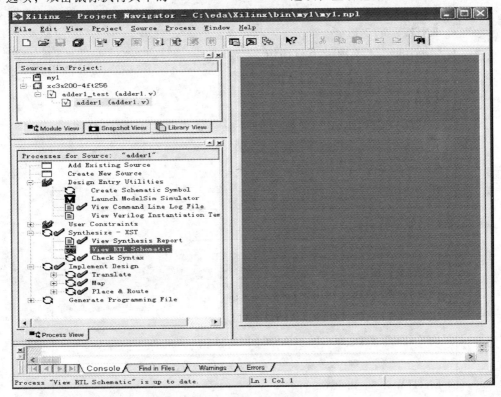

图 2-8 综合的主界面

2.7 组合电路设计

基本的数字电路包括组合逻辑电路和时序逻辑电路。组合逻辑电路的特点是电路的输出只取决于当时的输入,如编码器、译码器、加法器。

实际的电路一般是组合电路和时序电路的结合,其中的时序部分用来实现控制功能,组合部分通常是完成信号的输入和输出。

1. 基本门电路

门电路是数字逻辑中的基本单元,比较常用的基本门电路有非门(反相器)、与非门、或非门、与门、或门、异或门、同或门等。

【例 2-1】 二输入或门电路设计。

二输入或门是基本的单元电路。可以实现两个一位二进制数的或逻辑运算。因此其有 3 个端口，其中两个输入端口 a 和 b，一个输出端口 c。

解： 其基本功能源代码如下所示：

```vhdl
LIBRARY IEEE;
USE IEEE.STD_LOGIC_1164.ALL;
USE IEEE.STD_LOGIC_ARITH.ALL;
USE IEEE.STD_LOGIC_UNSIGNED.ALL;

ENTITY or_2 IS
    PORT(a,b : IN STD_LOGIC;
         c:OUT STD_LOGIC);
END or_2;
ARCHITECTURE rtl1 OF or_2 IS
BEGIN
    c <= a or b;
END rtl1;
```

其测试源代码如下所示：

```vhdl
LIBRARY IEEE;
USE IEEE.STD_LOGIC_1164.ALL;
USE IEEE.STD_LOGIC_ARITH.ALL;
USE IEEE.STD_LOGIC_UNSIGNED.ALL;

ENTITY or_2_tb IS
END or_2_tb;

ARCHITECTURE behavioral OF or_2_tb IS
    COMPONENT or_2
      PORT(a,b : IN STD_LOGIC;
           c:OUT STD_LOGIC);
    END COMPONENT;
    SIGNAL a,b:STD_LOGIC;
    SIGNAL c:STD_LOGIC;
BEGIN
```

```
       u1:or_2 PORT MAP (a,b,c);
       tb:PROCESS
         BEGIN
           wait for 30 ns;a <= ' 0 ';b <= ' 0 ';
           wait for 30 ns;a <= ' 1 ';b <= ' 0 ';
           wait for 30 ns;a <= ' 0 ';b <= ' 1 ';
           wait for 30 ns;a <= ' 1 ';b <= ' 1 ';
           wait for 30 ns;a <= ' 0 ';b <= ' 0 ';
           wait for 30 ns;
           wait;
         END PROCESS;
       END behavioral;
```

利用此测试代码所得的二输入或门的测试波形如图 2-9 所示。

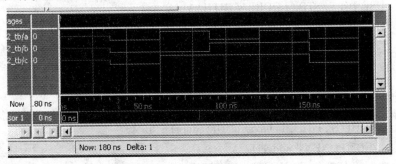

图 2-9 二输入或门的测试波形

2. 运算器

计算机中的运算都是分解成加法运算进行的,因此实现加法运算的电路是计算机中的最基本的电路。常用的加法器主要包括半加器和全加器。

两个一位二进制数相加称为半加,实现半加操作的电路称为半加器。两个二进制数相加时要考虑低位来的进位,实际进行三个二进制数的加法运算,称为全加,实现三个数全加操作的电路称为全加器。

【例 2-2】 一位半加器电路设计。

一位半加器是实现两个一位二进制数加法运算的电路。因此一位半加器有 4 个端口,其中两个输入端口 a 和 b,两个输出端口 c 和 s。

解:其基本功能源代码如下所示:

```
       LIBRARY IEEE;
       USE IEEE. STD_LOGIC_1164. ALL;
       USE IEEE. STD_LOGIC_ARITH. ALL;
       USE IEEE. STD_LOGIC_UNSIGNED. ALL;
```

```
ENTITY adder1h IS
  PORT (a,b:IN STD_LOGIC;
        s,c:OUT STD_LOGIC);
END adder1h;

ARCHITECTURE behavioral OF adder1h IS
BEGIN
    s <= a xor b;
    c <= a and b;
END behavioral;
```

对应的测试源代码如下所示:

```
LIBRARY IEEE;
USE IEEE.STD_LOGIC_1164.ALL;
USE IEEE.STD_LOGIC_ARITH.ALL;
USE IEEE.STD_LOGIC_UNSIGNED.ALL;

ENTITY adder1h_tb IS
END adder1h_tb;

ARCHITECTURE behavioral OF adder1h_tb IS
  COMPONENT adder1h
    PORT (a,b:IN STD_LOGIC;
          s,c:OUT STD_LOGIC);
  END COMPONENT;
  SIGNAL a,b:STD_LOGIC;
  SIGNAL s,c:STD_LOGIC;
BEGIN
    u1:adder1h PORT MAP (a,b,s,c);
    tb:PROCESS
      BEGIN
        wait for 30 ns;a <= '0';b <= '0';
        wait for 30 ns;a <= '1';b <= '0';
        wait for 30 ns;a <= '0';b <= '1';
        wait for 30 ns;a <= '1';b <= '1';
        wait for 30 ns;a <= '0';b <= '0';
        wait;
      END PROCESS;
END behavioral;
```

利用此测试代码所得的一位半加器的测试波形如图2-10所示。

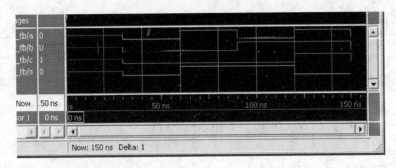

图 2-10 一位半加器的测试波形

【例 2-3】 一位全加器电路设计。

一位全加器可以实现三个一位二进制数的加法运算。因此一位全加器有 5 个端口，其中三个输入端口 a、b 和 ci，两个输出端口 co 和 s。

实现一位全加器的功能可以采用前面的行为描述或 RTL 描述方式。前面我们已经采用了元器件例化调用的方式，现在以 RTL 描述方式来描述一位全加器。

解：其基本功能源代码如下所示：

```vhdl
LIBRARY IEEE;
USE IEEE.STD_LOGIC_1164.ALL;
USE IEEE.STD_LOGIC_ARITH.ALL;
USE IEEE.STD_LOGIC_UNSIGNED.ALL;

ENTITY adder1f_rtl IS
   PORT (ci:IN STD_LOGIC;
         a,b:IN STD_LOGIC;
         co:OUT STD_LOGIC;
         s:OUT STD_LOGIC);
END adder1f_rtl;

ARCHITECTURE fd1 OF adder1f_rtl IS
   SIGNAL ta:STD_LOGIC_VECTOR(1 DOWNTO 0);
   SIGNAL tb:STD_LOGIC_VECTOR(1 DOWNTO 0);
   SIGNAL tcos:STD_LOGIC_VECTOR(1 DOWNTO 0);
BEGIN
     ta <= '0' & a;
     tb <= '0' & b;
     tcos <= ci + ta + tb;
     co <= tcos(1);
     s <= tcos(0);
END fd1;
```

其基本测试源代码如下所示:

```vhdl
LIBRARY IEEE;
USE IEEE.STD_LOGIC_1164.ALL;
USE IEEE.STD_LOGIC_ARITH.ALL;
USE IEEE.STD_LOGIC_UNSIGNED.ALL;

ENTITY adder1f_rtl_tb IS
END adder1f_rtl_tb;

ARCHITECTURE behavioral OF adder1f_rtl_tb IS
  COMPONENT adder1f_rtl
    PORT(a,b,ci:IN STD_LOGIC;
         s,co:OUT STD_LOGIC);
  END COMPONENT;
  SIGNAL a,b,ci:STD_LOGIC;
  SIGNAL s,co:STD_LOGIC;
BEGIN
    u1:adder1f_rtl PORT MAP (a,b,ci,s,co);
    tb:PROCESS
      BEGIN
        ci <= '0';
        wait for 30 ns;a <= '0';b <= '0';
        wait for 30 ns;a <= '1';b <= '0';
        wait for 30 ns;a <= '0';b <= '1';
        wait for 30 ns;a <= '1';b <= '1';
        wait for 30 ns; ci <= '1';
        wait for 30 ns;a <= '0';b <= '0';
        wait for 30 ns;a <= '1';b <= '0';
        wait for 30 ns;a <= '0';b <= '1';
        wait for 30 ns;a <= '1';b <= '1';
        wait for 30 ns;
        wait;
      END PROCESS;
END behavioral;
```

利用此测试源代码所得的一位全加器的测试波形如图2-11所示。

【例2-4】 四位全加器电路设计。

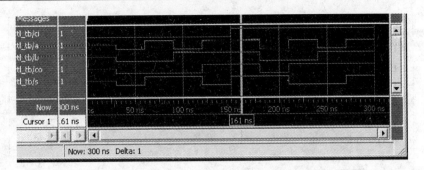

图 2-11　一位全加器的测试波形

设计四位全加器可以像设计一位全加器一样，采用元器件例化的方式，用四个一位全加器通过级联的方式实现四位全加器的功能。下面以寄存器传输级 RTL 的方式设计四位全加器，其中特别需要注意的是算术运算中加法的运用。

解：其基本功能源代码如下所示：

```vhdl
LIBRARY IEEE;
USE IEEE.STD_LOGIC_1164.ALL;
USE IEEE.STD_LOGIC_ARITH.ALL;
USE IEEE.STD_LOGIC_UNSIGNED.ALL;

ENTITY adder4f IS
  PORT(ci:IN STD_LOGIC;
       a,b:IN STD_LOGIC_VECTOR(3 DOWNTO 0);
       co:OUT STD_LOGIC;
       s:OUT STD_LOGIC_VECTOR(3 DOWNTO 0));
END adder4f;

ARCHITECTURE fd1 OF adder4f IS
  SIGNAL ta:STD_LOGIC_VECTOR(4 DOWNTO 0);
  SIGNAL tb:STD_LOGIC_VECTOR(4 DOWNTO 0);
  SIGNAL tcos:STD_LOGIC_VECTOR(4 DOWNTO 0);
BEGIN
    ta <= '0' & a;
    tb <= '0' & b;
    tcos <= ci + ta + tb;
    co <= tcos(4);
    s <= tcos(3 DOWNTO 0);
END fd1;
```

对应的测试源代码如下所示：

```vhdl
LIBRARY IEEE;
USE IEEE.STD_LOGIC_1164.ALL;
USE IEEE.STD_LOGIC_ARITH.ALL;
USE IEEE.STD_LOGIC_UNSIGNED.ALL;

ENTITY adder4f_tb IS
END adder4f_tb;

ARCHITECTURE behavioral OF adder4f_tb IS
  COMPONENT adder4f
    PORT (ci:IN STD_LOGIC;
          a,b:IN STD_LOGIC_VECTOR(3 DOWNTO 0);
          co:OUT STD_LOGIC;
          s:OUT STD_LOGIC_VECTOR(3 DOWNTO 0));
  END COMPONENT;
  SIGNAL ci:STD_LOGIC;
  SIGNAL a,b:STD_LOGIC_VECTOR(3 DOWNTO 0);
  SIGNAL co:STD_LOGIC;
  SIGNAL s :STD_LOGIC_VECTOR(3 DOWNTO 0);
BEGIN
    u1:adder4f PORT MAP (ci,a,b,co,s);
    tb_ci:PROCESS
       BEGIN
         ci <= '0';wait for 3000 ns;
         ci <= '1';wait for 3000 ns;
         wait;
       END PROCESS;
    tb_a:PROCESS
       BEGIN
         a <= "0000";
       FOR i IN 0 TO 16 LOOP
         wait for 2 ns;
         a <= a+1;
       END LOOP;
         wait;
       END PROCESS;
    tb_b:PROCESS
       BEGIN
         b <= "0000";
       FOR i IN 0 TO 16 LOOP
         wait for 3 ns;
         b <= b+1;
       END LOOP;
         wait;
       END PROCESS;
END behavioral;
```

利用此测试源代码所得的四位全加器的测试波形如图 2-12 所示。

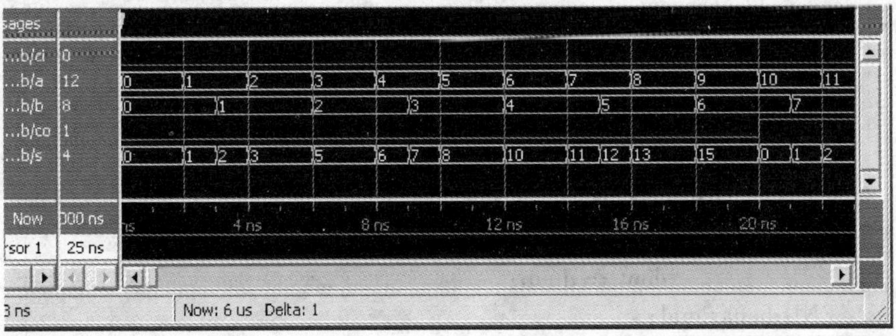

图 2-12　四位全加器的测试波形

3. 编码器和译码器

编码和译码是数字电路中基本的功能。编码是将具有特定意义的信息（如数字或字符）编成相应的若干位二进制代码。实现编码功能的电路称为编码器。译码是编码的反过程，即将若干位二进制代码的原意"翻译"出来，还原成具有特定意义的输出信息。

【例 2-5】　3 线-8 线译码器设计。

3 线-8 线译码器是比较常用的译码电路，本例设计一个没有任何使能控制端的 3 线-8 线译码器。

解：其功能源代码如下所示：

```
LIBRARY IEEE;
USE IEEE.STD_LOGIC_1164.ALL;
USE IEEE.STD_LOGIC_ARITH.ALL;
USE IEEE.STD_LOGIC_UNSIGNED.ALL;

ENTITY dec3_8 IS
   PORT (din:IN STD_LOGIC_VECTOR(2 DOWNTO 0);
         dout:OUT STD_LOGIC_VECTOR(7 DOWNTO 0));
END dec3_8;

ARCHITECTURE behavioral OF dec3_8 IS
   SIGNAL dtmp:STD_LOGIC_VECTOR(7 DOWNTO 0);
BEGIN
   PROCESS(din)
   BEGIN
      CASE din IS
         when " 000 " => dtmp <= " 11111110 ";
         when " 001 " => dtmp <= " 11111101 ";
         when " 010 " => dtmp <= " 11111011 ";
```

```vhdl
            when "011" => dtmp <= "11110111";
            when "100" => dtmp <= "11101111";
            when "101" => dtmp <= "11011111";
            when "110" => dtmp <= "10111111";
            when "111" => dtmp <= "01111111";
            when others => dtmp <= "11111111";
        END CASE;
    END PROCESS;
        dout <= dtmp;
END behavioral;
```

其测试源代码如下所示：

```vhdl
LIBRARY IEEE;
USE IEEE.STD_LOGIC_1164.ALL;
USE IEEE.STD_LOGIC_UNSIGNED.ALL;
USE IEEE.NUMERIC_STD.ALL;

ENTITY dec3_8_tb IS
END dec3_8_tb;

ARCHITECTURE behavior OF dec3_8_tb IS
    COMPONENT dec3_8
        PORT (din:IN STD_LOGIC_VECTOR(2 DOWNTO 0);
              dout:OUT STD_LOGIC_VECTOR(7 DOWNTO 0));
    END COMPONENT;
    SIGNAL din:STD_LOGIC_VECTOR
             (2 DOWNTO 0) := (OTHERS => '0');
    SIGNAL dout:STD_LOGIC_VECTOR(7 DOWNTO 0);
BEGIN
    uut:dec3_8 PORT MAP(din => din, dout => dout);
    tb:PROCESS
    BEGIN
        wait for 100 ns; din <= "000";
        wait for 100 ns; din <= "001";
        wait for 100 ns; din <= "010";
        wait for 100 ns; din <= "011";
        wait for 100 ns; din <= "100";
        wait for 100 ns; din <= "101";
        wait for 100 ns; din <= "110";
        wait for 100 ns; din <= "111";
        wait;
    END PROCESS;
END behavior;
```

利用此测试源代码所得的 3 线-8 线译码器的测试波形如图 2-13 所示。

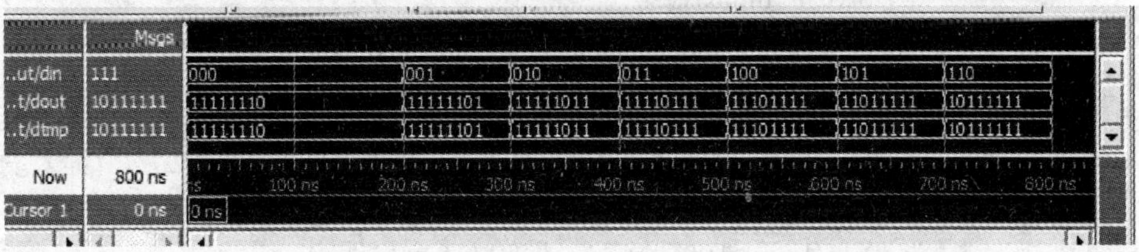

..ut/din	111	000	001	010	011	100	101	110
..t/dout	10111111	11111110	11111101	11111011	11110111	11101111	11011111	10111111
..t/dtmp	10111111	11111110	11111101	11111011	11110111	11101111	11011111	10111111
Now	800 ns							
Cursor 1	0 ns							

图 2-13 3 线-8 线译码器的测试波形

【例 2-6】 带使能控制端的 3 线-8 线译码器设计。

3 线-8 线译码器可以加一些使能控制端来控制其工作状态，所加的三个使能控制端分别为 e1、e2 和 e3。

解：其功能源代码如下所示：

```vhdl
LIBRARY IEEE;
USE IEEE.STD_LOGIC_1164.ALL;
USE IEEE.STD_LOGIC_UNSIGNED.ALL;
USE IEEE.NUMERIC_STD.ALL;

ENTITY dec3_8_e IS
    PORT (a,b,c:IN STD_LOGIC;
          e1,e2,e3:IN STD_LOGIC;
          y0,y1,y2,y3,y4,y5,y6,y7:OUT STD_LOGIC);
END dec3_8_e;

ARCHITECTURE behavioral OF dec3_8_e IS
    SIGNAL input:STD_LOGIC_VECTOR(2 DOWNTO 0);
    SIGNAL eab:STD_LOGIC;
    SIGNAL sig:STD_LOGIC_VECTOR(7 DOWNTO 0);
BEGIN
    PROCESS(a,b,c,e1,e2,e3)
    BEGIN
            input <= c&b&a;
            eab <= e2 or e3;
        IF(e1 = '0')THEN
            sig <= (others => '1');
        elsif (eab = '1') then
            sig <= (others => '1');
        ELSE
```

```
                    CASE input IS
                        when " 000 " => sig <= " 11111110 ";
                        when " 001 " => sig <= " 11111101 ";
                        when " 010 " => sig <= " 11111011 ";
                        when " 011 " => sig <= " 11110111 ";
                        when " 100 " => sig <= " 11101111 ";
                        when " 101 " => sig <= " 11011111 ";
                        when " 110 " => sig <= " 10111111 ";
                        when " 111 " => sig <= " 01111111 ";
                        when others => sig <= " 11111111 ";
                    END CASE;
                END IF;
            END PROCESS;
                    y0 <= sig(0);
                    y1 <= sig(1);
                    y2 <= sig(2);
                    y3 <= sig(3);
                    y4 <= sig(4);
                    y5 <= sig(5);
                    y6 <= sig(6);
                    y7 <= sig(7);
    END behavioral;
```

其测试源代码如下所示:

```
LIBRARY IEEE;
USE IEEE.STD_LOGIC_1164.ALL;
USE IEEE.NUMERIC_STD.ALL;

ENTITY dec3_8_e_tb IS
END dec3_8_e_tb;

ARCHITECTURE behavior OF dec3_8_e_tb IS
    COMPONENT dec3_8_e
        PORT (a,b,c,e1,e2,e3:IN STD_LOGIC;
            y0,y1,y2,y3,y4,y5,y6,y7:OUT STD_LOGIC);
    END COMPONENT;
    SIGNAL a,b,c,e1,e2,e3:STD_LOGIC;
```

```
    SIGNAL y0,y1,y2,y3,y4,y5,y6,y7:STD_LOGIC;
BEGIN
    uut:dec3_8_e PORT MAP (a => a,b => b,c => c,e1 => e1,
                           e2 => e2,e3 => e3,y0 => y0,
                           y1 => y1,y2 => y2, y3 => y3,
                           y4 => y4,y5 => y5,y6 => y6,
                           y7 => y7);
    tb:PROCESS
      BEGIN
        e1 <= '0';e2 <= '0';e3 <= '0';
        c <= '0';b <= '0';a <= '0';
        wait for 130 ns; e1 <= '1';
        wait for 130 ns; a <= '1';
        wait for 130 ns; b <= '1'; a <= '0';
        wait for 130 ns; a <= '1';
        wait for 130 ns; c <= '1';b <= '0';a <= '0';
        wait for 130 ns; a <= '1';
        wait for 130 ns; b <= '1'; a <= '0';
        wait for 130 ns; a <= '1';
        wait for 130 ns; c <= '0';b <= '0';a <= '0';
        wait;
      END PROCESS tb;
END behavior;
```

利用此测试源代码所得的带使能控制端的 3 线-8 线译码器的测试波形如图 2-14 所示。

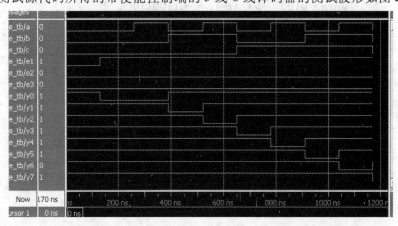

图 2-14　带使能控制端的 3 线-8 线译码器的测试波形

【例 2-7】 数码管七段显示译码器设计。

荧光数码管和半导体数码管都采用分段显示方式，一般是 7 段或 8 段（包括小数点），工作的过程中都需要分段式译码驱动电路配合工作。

解：其功能源代码如下所示：

```
LIBRARY IEEE;
USE IEEE.STD_LOGIC_1164.ALL;
USE IEEE.STD_LOGIC_ARITH.ALL;
USE IEEE.STD_LOGIC_UNSIGNED.ALL;

ENTITY dec4_7 IS
  PORT (yin:IN STD_LOGIC_VECTOR(3 DOWNTO 0);
        yout:OUT STD_LOGIC_VECTOR(7 DOWNTO 0));
END dec4_7;

ARCHITECTURE behavioral OF dec4_7 IS
BEGIN
    PROCESS(yin)
    VARIABLE t_yout:STD_LOGIC_VECTOR(7 DOWNTO 0);
    BEGIN
      CASE yin IS
        when "0000" => t_yout: = "11111100";
        when "0001" => t_yout: = "01100000";
        when "0010" => t_yout: = "11011010";
        when "0011" => t_yout: = "11110010";
        when "0100" => t_yout: = "01100110";
        when "0101" => t_yout: = "10110110";
        when "0110" => t_yout: = "10111110";
        when "0111" => t_yout: = "11100000";
        when "1000" => t_yout: = "11111110";
        when "1001" => t_yout: = "11110110";
        when others => t_yout: = "00000000";
      END CASE;
        yout <= t_yout;
    END PROCESS;
END Behavioral;
```

其测试源代码如下所示：

```
LIBRARY IEEE;
USE IEEE.STD_LOGIC_1164.ALL;
USE IEEE.STD_LOGIC_ARITH.ALL;
USE IEEE.STD_LOGIC_UNSIGNED.ALL;

ENTITY dec4_7_tb IS
END dec4_7_tb;

ARCHITECTURE behavioral OF dec4_7_tb IS
    COMPONENT dec4_7 PORT
      (yin:IN STD_LOGIC_VECTOR(3 DOWNTO 0);
      yout:OUT STD_LOGIC_VECTOR(7 DOWNTO 0));
    END COMPONENT;
    SIGNAL yin:STD_LOGIC_VECTOR(3 DOWNTO 0);
    SIGNAL yout:STD_LOGIC_VECTOR(7 DOWNTO 0);
BEGIN
    u1:dec4_7 PORT MAP (yin,yout);
    tb:PROCESS
      BEGIN
          yin <= "0000";
        FOR i IN 0 TO 15 LOOP
          wait for 40 ns; yin <= yin + 1;
        END LOOP;
          wait;
      END PROCESS;
END behavioral;
```

利用此测试源代码所得的七段显示译码器的测试波形如图 2-15 所示。

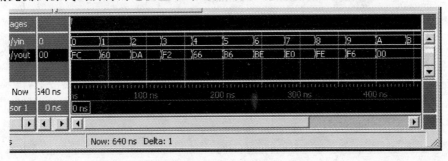

图 2-15　七段显示译码器的测试波形

【例 2-8】 8 线-3 线编码器设计。

8 线-3 线编码器在工作时,在某一时刻,编码器的 8 路输入端中只允许有一个为 1,其他 7 位为 0。因此 8 线-3 线编码器有两个端口,一个端口为 8 位宽的输入端口,另一个端口为 3 位宽的输出端口。

解: 其功能源代码如下所示:

```vhdl
LIBRARY IEEE;
USE IEEE.STD_LOGIC_1164.ALL;
USE IEEE.STD_LOGIC_ARITH.ALL;
USE IEEE.STD_LOGIC_UNSIGNED.ALL;

ENTITY code8_3 IS
   PORT (cin:IN STD_LOGIC_VECTOR(7 DOWNTO 0);
         cout:OUT STD_LOGIC_VECTOR(2 DOWNTO 0));
END code8_3;

ARCHITECTURE behavioral OF code8_3 IS
BEGIN
    PROCESS(cin)
    VARIABLE dtmp:STD_LOGIC_VECTOR(2 DOWNTO 0);
    BEGIN
      CASE cin IS
        when "00000001" => dtmp: = "000";
        when "00000010" => dtmp: = "001";
        when "00000100" => dtmp: = "010";
        when "00001000" => dtmp: = "011";
        when "00010000" => dtmp: = "100";
        when "00100000" => dtmp: = "101";
        when "01000000" => dtmp: = "110";
        when "10000000" => dtmp: = "111";
        when others => NULL;
      END CASE;
        cout <= dtmp;
    END PROCESS;
END behavioral;
```

其测试源代码如下所示:

```
LIBRARY IEEE;
USE IEEE.STD_LOGIC_1164.ALL;
USE IEEE.STD_LOGIC_ARITH.ALL;
USE IEEE.STD_LOGIC_UNSIGNED.ALL;

ENTITY code8_3_tb IS
END code8_3_tb;
ARCHITECTURE behavioral OF code8_3_tb IS
  COMPONENT code8_3 PORT
    (ci:IN STD_LOGIC_VECTOR(7 DOWNTO 0);
    cout:OUT STD_LOGIC_VECTOR(2 DOWNTO 0));
  END COMPONENT;
  SIGNAL cin: STD_LOGIC_VECTOR(7 DOWNTO 0);
  SIGNAL cout:STD_LOGIC_VECTOR(2 DOWNTO 0);
BEGIN
    u1:code8_3 PORT MAP (cin,cout);
    tb:PROCESS
      BEGIN
        wait for 30 ns;cin <= "00000001";
        FOR i IN 0 TO 9 LOOP
        wait for 30 ns; cin <= cin + 1;
        END LOOP;
        wait;
      END PROCESS;
END behavioral;
```

利用此测试源代码所得的 8 线-3 线编码器的测试波形如图 2-16 所示。

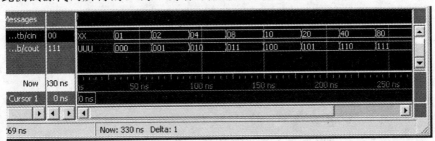

图 2-16 8 线-3 线编码器的测试波形

4. 选择器

数据选择器又称多路选择器或多路开关，其基本逻辑功能是在 n 个选择输入信号的控制下,从 2^n 个数据输入信号中选择一个作为输出。

【例 2-9】 2 选 1 选择器设计。

2 选 1 选择器可以在两个输入信号中选择一个作为输出,因此 2 选 1 选择器有 4 个端口,其中三个输入端口 a、b 和 sel,另一个是输出端口 y。此处的数据输入和数据输出都是 1 位宽。

解: 其功能源代码如下所示:

```
LIBRARY IEEE;
USE IEEE.STD_LOGIC_1164.ALL;
USE IEEE.STD_LOGIC_ARITH.ALL;
USE IEEE.STD_LOGIC_UNSIGNED.ALL;

ENTITY sel2_1 IS
    PORT (a,b:IN STD_LOGIC;
          sel:IN STD_LOGIC;
          y:OUT STD_LOGIC);
END sel2_1;
ARCHITECTURE behave OF sel2_1 IS
BEGIN
    y <= a WHEN sel = '0' ELSE
         b WHEN sel = '1';
END behave;
```

其对应的测试源代码如下所示:

```
LIBRARY IEEE;
USE IEEE.STD_LOGIC_1164.ALL;
USE IEEE.STD_LOGIC_ARITH.ALL;
USE IEEE.STD_LOGIC_UNSIGNED.ALL;

ENTITY sel2_1_tb IS
END sel2_1_tb;

ARCHITECTURE behavioral OF sel2_1_tb IS
    COMPONENT sel2_1
        PORT (a,b,sel:IN STD_LOGIC;
              y:OUT STD_LOGIC);
    END COMPONENT;
```

```
      SIGNAL a,b:STD_LOGIC;
      SIGNAL sel,y:STD_LOGIC;
   BEGIN
      u1:sel2_1 PORT MAP (a,b,sel,y);
      tb:PROCESS
         BEGIN
           wait for 30 ns;sel <= '0';a <= '0';b <= '1';
           wait for 30 ns;sel <= '1';a <= '0';b <= '1';
           wait for 30 ns;sel <= '0';a <= '1';b <= '0';
           wait for 30 ns;sel <= '1';a <= '1';b <= '0';
           wait for 30 ns;
           wait;
         END PROCESS;
   END behavioral;
```

利用此测试源代码所得的 2 选 1 选择器的测试波形如图 2-17 所示。

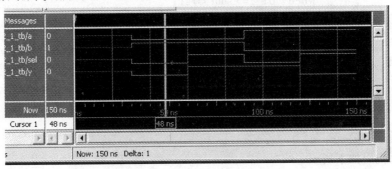

图 2-17 2 选 1 选择器的测试波形

【例 2-10】 4 选 1 选择器设计。

本例以比较简单的 4 选 1 选择器为例来进行设计。4 选 1 选择器可以在 4 路输入信号中选择一路作为输出,因此 4 选 1 选择器有 6 个端口,其中 4 个用于数据输入的输入端口,1 个用于选择信号的选择输入端口,还有 1 个是用于数据输出的输出端口。此处的数据输入和数据输出都是 4 位宽,设计原理与 1 位宽的设计原理是一样的。

解:其功能源代码如下所示:

```
LIBRARY IEEE;
USE IEEE. STD_LOGIC_1164. ALL;
USE IEEE. STD_LOGIC_ARITH. ALL;
USE IEEE. STD_LOGIC_UNSIGNED. ALL;


ENTITY sel4_1 IS
```

```vhdl
        PORT (sel:IN STD_LOGIC_VECTOR(1 DOWNTO 0);
              m1:IN STD_LOGIC_VECTOR(3 DOWNTO 0);
              m0:IN STD_LOGIC_VECTOR(3 DOWNTO 0);
              s1:IN STD_LOGIC_VECTOR(3 DOWNTO 0);
              s0: IN STD_LOGIC_VECTOR(3 DOWNTO 0);
              sout:OUT STD_LOGIC_VECTOR(3 DOWNTO 0));
END sel4_1;

ARCHITECTURE behavioral OF sel4_1 IS
BEGIN
    PROCESS(sel,m1,m0,s1,s0)
    BEGIN
        CASE sel IS
            when "00" => sout <= s0;
            when "01" => sout <= s1;
            when "10" => sout <= m0;
            when "11" => sout <= m1;
            when others => sout <= "0000";
        END CASE;
    END PROCESS;
END behavioral;
```

其测试源代码如下所示：

```vhdl
LIBRARY IEEE;
USE IEEE.STD_LOGIC_1164.ALL;
USE IEEE.STD_LOGIC_ARITH.ALL;
USE IEEE.STD_LOGIC_UNSIGNED.ALL;

ENTITY sel4_1_tb IS
END sel4_1_tb;

ARCHITECTURE behavior OF sel4_1_tb IS
  COMPONENT sel4_1
    PORT (sel:IN STD_LOGIC_VECTOR(1 DOWNTO 0);
          m1,m0,s1,s0:IN STD_LOGIC_VECTOR(3 DOWNTO 0);
          sout:OUT STD_LOGIC_VECTOR(3 DOWNTO 0));
```

第2章 VHDL 程序设计

```
        END COMPONENT;
        SIGNAL sel:STD_LOGIC_VECTOR(1 DOWNTO 0);
        SIGNAL m1,m0,s1,s0 :STD_LOGIC_VECTOR(3 DOWNTO 0);
        SIGNAL sout:STD_LOGIC_VECTOR(3 DOWNTO 0);
BEGIN
        u1 :SEL4_1 PORT MAP
                (sel => sel,m1 => m1,m0 => m0,s1 => s1,s0 => s0,sout => sout);
        tb:PROCESS
            BEGIN
                m1 <= "0001"; m0 <= "0010"; s1 <= "0100"; s0 <= "1000";
                wait for 120 ns; sel <= "00";
                wait for 120 ns; sel <= "01";
                wait for 120 ns; sel <= "10";
                wait for 120 ns; sel <= "11";
                wait for 120 ns; sel <= "00";
                wait for 120 ns;
                wait;
            END PROCESS;
END behavior;
```

利用此测试源代码所得的 4 选 1 选择器的测试波形如图 2-18 所示。

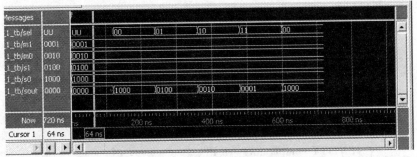

图 2-18　4 选 1 选择器的测试波形

5. 比较器

数字系统中,有时需要对两个数的数值进行比较,用来比较两个数的数值的电路称为数值比较器。

数值比较器可以用来比较两个数是否相等,或者用来比较两个数的大小。

【例 2-11】　一位数值比较器设计。

简单的一位数值比较器可以用来比较两个数是否相等。一位数值比较器有 3 个端口,其中 2 个输入端口用来输入待比较的数值，1 个输出端口用来输出比较的结果。

解：其基本功能源代码如下所示：

```vhdl
LIBRARY IEEE;
USE IEEE.STD_LOGIC_1164.ALL;
USE IEEE.STD_LOGIC_ARITH.ALL;
USE IEEE.STD_LOGIC_UNSIGNED.ALL;

ENTITY comparator1 IS
    PORT (a,b: IN STD_LOGIC;
          c: OUT STD_LOGIC);
END comparator1;
ARCHITECTURE behavioral OF comparator1 IS
BEGIN
    PROCESS(a,b)
    BEGIN
        IF(a = b) THEN
            c <= '1';
        ELSE
            c <= '0';
        END IF;
    END PROCESS;
END behavioral;
```

对应的测试源代码如下所示：

```vhdl
LIBRARY IEEE;
USE IEEE.STD_LOGIC_1164.ALL;
USE IEEE.STD_LOGIC_ARITH.ALL;
USE IEEE.STD_LOGIC_UNSIGNED.ALL;

ENTITY comparator1_tb IS
END comparator1_tb;

ARCHITECTURE behavioral OF comparator1_tb IS
    COMPONENT comparator1
        PORT (a,b: IN STD_LOGIC;
              c: OUT STD_LOGIC);
```

```
    END COMPONENT;
    SIGNAL a,b:STD_LOGIC;
    SIGNAL c:STD_LOGIC;
BEGIN
    u1:comparator1 PORT MAP (a,b,c);
    tb:PROCESS
      BEGIN
        wait for 30 ns;a<='0';b<='0';
        wait for 30 ns;a<='1';b<='0';
        wait for 30 ns;a<='0';b<='1';
        wait for 30 ns;a<='1';b<='1';
        wait for 30 ns;a<='0';b<='0';
        wait for 30 ns;
        wait;
      END PROCESS;
END behavioral;
```

利用此测试源代码所得的一位数值比较器的测试波形如图 2-19 所示。

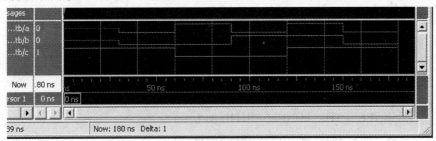

图 2-19 一位数值比较器的测试波形

【例 2-12】 四位数值比较器设计。

四位数值比较器可以实现两个四位二进制数的大小比较。四位数值比较器有 3 个端口，其中 2 个 4 位宽的输入端口 A 和 B，1 个 3 位宽的输出端口 C。如果 A 大于 B，则输出 C 为 "100"；如果 A 等于 B，则输出 C 为 "010"；如果 A 小于 B，则输出 C 为 "001"。

解：其功能源代码如下所示：

```
LIBRARY IEEE;
USE IEEE.STD_LOGIC_1164.ALL;
USE IEEE.STD_LOGIC_ARITH.ALL;
USE IEEE.STD_LOGIC_UNSIGNED.ALL;


ENTITY comparator4 IS
```

```vhdl
    PORT(a,b:IN STD_LOGIC_VECTOR(3 DOWNTO 0);
         c:OUT STD_LOGIC_VECTOR(2 DOWNTO 0));
END comparator4;
ARCHITECTURE behavioral OF comparator4 IS
BEGIN
    PROCESS(a,b)
    BEGIN
        IF(a>b) THEN
            c <= "100";
        ELSIF(a=b) THEN
            c <= "010";
        ELSIF(a<b) THEN
            c <= "001";
        ELSE
            c <= "xxx";
        END IF;
    END PROCESS;
END behavioral;
```

对应的测试源代码如下所示：

```vhdl
LIBRARY IEEE;
USE IEEE.STD_LOGIC_1164.ALL;
USE IEEE.STD_LOGIC_ARITH.ALL;
USE IEEE.STD_LOGIC_UNSIGNED.ALL;

ENTITY comparator4_tb IS
END comparator4_tb;

ARCHITECTURE behavioral OF comparator4_tb IS
    COMPONENT comparator4
        PORT (a,b:IN STD_LOGIC_VECTOR(3 DOWNTO 0);
              c:OUT STD_LOGIC_VECTOR(2 DOWNTO 0));
    END COMPONENT;
    SIGNAL a,b:STD_LOGIC_VECTOR(3 DOWNTO 0);
    SIGNAL c:STD_LOGIC_VECTOR(2 DOWNTO 0);
BEGIN
```

```
u1:comparator4 PORT MAP (a,b,c);
u2:PROCESS
    BEGIN
        wait for 30 ns;a <= " 0011 ";b <= " 0010 ";
        wait for 30 ns;a <= " 0100 ";b <= " 0100 ";
        wait for 30 ns;a <= " 0001 ";b <= " 1000 ";
        wait for 30 ns;a <= " xxxx ";b <= " 0101 ";
        wait for 30 ns;a <= " 1000 ";b <= " zzzz ";
        wait for 30 ns;
        wait;
    END PROCESS;
END behavioral;
```

利用此测试源代码所得的四位数值比较器的测试波形如图 2-20 所示。

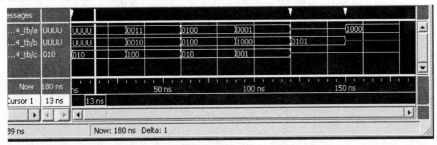

图 2-20　四位数值比较器的测试波形

2.8　时序逻辑电路设计

时序逻辑电路与组合逻辑电路的主要区别在于电路具有记忆功能。时序逻辑电路的特点是电路的输出不仅与当前的输入有关，还与电路原来的输出有关。实现记忆功能的关键是时序逻辑电路的状态，状态的变化具有延续性和可控性，所以具有有限状态的电路也称为"有限状态机"。

时序逻辑电路可以分为电平型和钟控型。电平型时序逻辑电路采用直接触发的触发器，其状态转换由输入信号控制；而钟控型时序逻辑电路又分为同步时序逻辑电路和异步时序逻辑电路。在同步时序逻辑电路中，所有的触发输入由同一个时钟脉冲信号控制，其状态的变化是同时进行的。只有在时钟触发有效时，其次态才能产生。否则，无论激励输入信号如何变化，电路的输出状态都保持不变。在异步时序逻辑电路中，至少有一个时钟信号与其他的时钟信号不同，各次态是在其自身的时钟控制有效时才会产生，电路的状态变化不同步。所以异步时序逻辑电路在分析和设计时比较复杂。

常用的基本时序逻辑电路主要包括触发器、计数器、分频器等。

1. 触发器

触发器是时序逻辑电路中的最基本单元。比较常用的触发器有 D 触发器、RS 触发器、

JK 触发器等。

【例 2-13】 基本的 D 触发器设计。

D 触发器只有一个输入激励 D 端口,在触发信号的控制下,D 触发器能记住 D 端口输入的数据并保持。

解:其功能源代码如下所示:

```
LIBRARY IEEE;
USE IEEE.STD_LOGIC_1164.ALL;
USE IEEE.STD_LOGIC_ARITH.ALL;
USE IEEE.STD_LOGIC_UNSIGNED.ALL;

ENTITY dff IS
    PORT (clk,d:IN STD_LOGIC;
          q,qn:buffer STD_LOGIC);
END dff;

ARCHITECTURE behavioral OF dff IS
BEGIN
    PROCESS(clk)
    BEGIN
        IF(clk 'event and clk = '1') THEN
            q <= d;
            qn <= not d;
        END IF;
    END PROCESS;
END behavioral;
```

对应的测试源代码如下所示:

```
LIBRARY IEEE;
USE IEEE.STD_LOGIC_1164.ALL;
USE IEEE.STD_LOGIC_ARITH.ALL;
USE IEEE.STD_LOGIC_UNSIGNED.ALL;

ENTITY dff_tb IS
END dff_tb;

ARCHITECTURE behavioral OF dff_tb IS
```

第2章 VHDL 程序设计

```
        COMPONENT dff
            PORT (clk,d:IN STD_LOGIC;
                  q,qn:BUFFER STD_LOGIC);
            END component;
            SIGNAL clk,d :STD_LOGIC;
            SIGNAL q,qn :STD_LOGIC;
BEGIN
            u1:dff PORT MAP (clk,d,q,qn);
            tb_d:PROCESS
                BEGIN
                    d <= '0';
                    wait for 30 ns;d <= '1';
                    wait for 30 ns;d <= '0';
                    wait for 30 ns;d <= '1';
                    wait for 30 ns;d <= '0';
                    wait for 30 ns;
                    wait;
                END PROCESS;
            tb_clk:PROCESS
                BEGIN
                    clk <= '0';
                    FOR i IN 0 TO 15 LOOP
                        wait for 10 ns; clk <= not clk;
                    END LOOP;
                    wait;
                END PROCESS;
END behavioral;
```

利用此测试代码所得的 D 触发器的测试波形如图 2-21 所示。

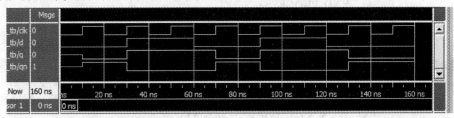

图 2-21 D 触发器的测试波形

【例 2-14】 基本的 RS 触发器设计。

RS 触发器具有两个开关量特性的激励输入端 R 和 S，R 的有效电平使触发器复位（Reset），S 的有效电平使触发器置位（Set）。

基本 RS 触发器没有触发控制输入，由激励信号直接控制触发器的状态转换。

解：其功能源代码如下所示：

```
LIBRARY IEEE;
USE IEEE.STD_LOGIC_1164.ALL;
USE IEEE.STD_LOGIC_ARITH.ALL;
USE IEEE.STD_LOGIC_UNSIGNED.ALL;

ENTITY rsff IS
    PORT (r,s:IN STD_LOGIC;
          q,qn:BUFFER STD_LOGIC);
END rsff;

ARCHITECTURE behavioral OF rsff IS
BEGIN
    PROCESS(r,s)
      VARIABLE last:STD_LOGIC;
    BEGIN
        last: = q;
        IF(r = '0' and s = '0') THEN
          q <= last; qn <= not last;
        ELSIF(r = '1' and s = '0') THEN
          q <= '0'; qn <= '1';
        ELSIF(r = '0' and s = '1') THEN
          q <= '1'; qn <= '0';
        ELSE
          q <= 'x'; qn <= 'x';
        END IF;
    END PROCESS;
END behavioral;
```

对应的测试源代码如下所示：

```
LIBRARY IEEE;
USE IEEE.STD_LOGIC_1164.ALL;
USE IEEE.STD_LOGIC_ARITH.ALL;
```

第 2 章 VHDL 程序设计

```
USE IEEE.STD_LOGIC_UNSIGNED.ALL;

ENTITY rsff_tb IS
END rsff_tb;

ARCHITECTURE behavioral OF rsff_tb IS
  COMPONENT rsff
    PORT (r,s:IN STD_LOGIC;
          q,qn:BUFFER STD_LOGIC);
  END COMPONENT;
  SIGNAL r,s:STD_LOGIC;
  SIGNAL q,qn:STD_LOGIC;
BEGIN
  u1:rsff PORT MAP (r,s,q,qn);
  tb:PROCESS
    BEGIN
      r <= '1';s <= '0';
      wait for 30 ns;r <= '0';s <= '0';
      wait for 30 ns;r <= '0';s <= '1';
      wait for 30 ns;r <= '0';s <= '0';
      wait for 30 ns;r <= '1';s <= '1';
      wait for 30 ns;r <= '1';s <= '0';
      wait for 30 ns;
      wait;
    END PROCESS;
END behavioral;
```

利用此测试源代码所得的基本 RS 触发器的测试波形如图 2-22 所示。

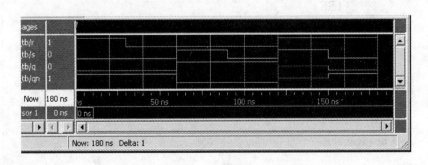

图 2-22 基本 RS 触发器的测试波形

2. 计数器

在工业控制系统和数字计算机中，经常用时序电路来实现"累计时钟脉冲个数"的操作，具有这种功能的电路称为计数器。

【例 2-15】 基本的十进制计数器设计。

十进制计数器可以实现十个状态的循环计数，一般情况下可以实现 0~9 的循环计数。

解：其基本功能源代码如下所示：

```vhdl
LIBRARY IEEE;
USE IEEE.STD_LOGIC_1164.ALL;
USE IEEE.STD_LOGIC_ARITH.ALL;
USE IEEE.STD_LOGIC_UNSIGNED.ALL;

ENTITY counter10 IS
  PORT (clr:IN STD_LOGIC;
        clk:IN STD_LOGIC;
        cout:OUT STD_LOGIC_VECTOR(3 DOWNTO 0));
END counter10;

ARCHITECTURE behavioral OF counter10 IS
BEGIN
    PROCESS(clr,clk)
    VARIABLE t_cout:STD_LOGIC_VECTOR(3 DOWNTO 0);
    BEGIN
        IF(clr = '0') THEN
            t_cout: = "0000";
        ELSIF(clk'event and clk = '1') THEN
          IF(t_cout < "1001") THEN
            t_cout: = t_cout +1;
          ELSE
            t_cout: = "0000";
          END IF;
        END IF;
        cout <= t_cout;
    END PROCESS;
END behavioral;
```

对应的测试源代码如下所示：

```vhdl
LIBRARY IEEE;
USE IEEE.STD_LOGIC_1164.ALL;
USE IEEE.STD_LOGIC_UNSIGNED.ALL;
USE IEEE.NUMERIC_STD.ALL;

ENTITY counter10_tb IS
END counter10_tb;

ARCHITECTURE behavior OF counter10_tb IS
    COMPONENT counter10
        PORT (clr:IN STD_LOGIC;
              clk:IN STD_LOGIC;
              cout:OUT STD_LOGIC_VECTOR(3 DOWNTO 0));
    END COMPONENT;
    SIGNAL clr,clk:STD_LOGIC : = '0';
    SIGNAL cout:STD_LOGIC_VECTOR(3 DOWNTO 0);
BEGIN
    uut:counter10 PORT MAP(clr,clk,cout);
    tb_clr:PROCESS
        BEGIN
            clr <= '0';
            wait for 25 ns;
            clr <= '1';
            wait;
        END PROCESS;
    tb_clk:PROCESS
        BEGIN
            clk <= '0';
            FOR i IN 0 TO 31 LOOP
            wait for 10 ns;
            clk <= not clk;
            END LOOP;
            wait;
        END PROCESS;
END behavior;
```

利用此测试源代码所得的十进制计数器的测试波形如图 2-23 所示。

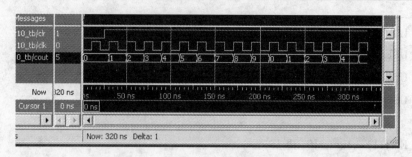

图 2-23 十进制计数器的测试波形

【例 2-16】 二十四进制计数器设计。

在常用的数字钟中，小时的 24 小时制显示方式要求小时部分可以实现二十四进制的计数，即从 0 开始计数到 23 结束。

解：其功能源代码如下所示：

```
LIBRARY IEEE;
USE IEEE.STD_LOGIC_1164.ALL;
USE IEEE.STD_LOGIC_ARITH.ALL;
USE IEEE.STD_LOGIC_UNSIGNED.ALL;

ENTITY counter24 IS
    PORT (clr:IN STD_LOGIC;
          clk:IN STD_LOGIC;
          h1:OUT STD_LOGIC_VECTOR(3 DOWNTO 0);
          h0:OUT STD_LOGIC_VECTOR(3 DOWNTO 0));
END counter24;
ARCHITECTURE behavioral OF counter24 IS
BEGIN
    PROCESS(clr,clk)
    VARIABLE t_h1:STD_LOGIC_VECTOR(3 DOWNTO 0);
    VARIABLE t_h0:STD_LOGIC_VECTOR(3 DOWNTO 0);
    BEGIN
      IF(clr='0') THEN
          t_h1:="0000";
          t_h0:="0000";
      ELSE
          IF(clk'event and clk='1') THEN
              IF(t_h1="0010" and t_h0="0011") THEN
                  t_h0:="0000";
```

```vhdl
                        t_h1 : = "0000";
                ELSIF (t_h0 = "1001") THEN
                        t_h0 : = "0000";
                        t_h1 : = t_h1 + 1;
                ELSE
                        t_h0 : = t_h0 + 1;
                END IF;
            END IF;
        END IF;
        h1 <= t_h1;
        h0 <= t_h0;
    END PROCESS;
END behavioral;
```

对应的测试源代码如下所示：

```vhdl
LIBRARY IEEE;
USE IEEE.STD_LOGIC_1164.ALL;
USE IEEE.STD_LOGIC_UNSIGNED.ALL;
USE IEEE.NUMERIC_STD.ALL;

ENTITY counter24_tb IS
END counter24_tb;

ARCHITECTURE behavior OF counter24_tb IS
    COMPONENT counter24
        PORT (clr : IN STD_LOGIC;
              clk : IN STD_LOGIC;
              h1 : OUT STD_LOGIC_VECTOR(3 DOWNTO 0);
              h0 : OUT STD_LOGIC_VECTOR(3 DOWNTO 0));
    END COMPONENT;
    SIGNAL clr : STD_LOGIC : = '0';
    SIGNAL clk : STD_LOGIC : = '0';
    SIGNAL h1 : STD_LOGIC_VECTOR(3 DOWNTO 0);
    SIGNAL h0 : STD_LOGIC_VECTOR(3 DOWNTO 0);
BEGIN
```

```
            uut:counter24 PORT MAP
                  (clr => clr,clk => clk,h1 => h1,h0 => h0);
        tb_clr:PROCESS
            BEGIN
              clr <= '0';
              wait for 30 ns;
              clr <= '1';
              wait;
            END PROCESS;
        tb_clk:PROCESS
            BEGIN
              clk <= '0';
              FOR i IN 0 TO 63 LOOP
              wait for 10 ns;
              clk <= not clk;
              END LOOP;
              wait;
            END PROCESS;
        END;
```

利用此测试源代码所得的二十四进制计数器的测试波形如图2-24所示。

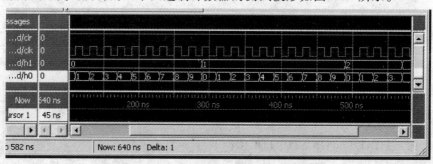

图2-24 二十四进制计数器的测试波形

【例2-17】 六十进制计数器设计。

在常用的数字钟中，分钟和秒的计数都是从0到59的计数，即是一个六十进制计数器。

解：其功能源代码如下所示：

```
LIBRARY IEEE;
USE IEEE.STD_LOGIC_1164.ALL;
USE IEEE.STD_LOGIC_ARITH.ALL;
USE IEEE.STD_LOGIC_UNSIGNED.ALL;
```

```vhdl
ENTITY counter60 IS
    PORT(clr:IN STD_LOGIC;
         clk:IN STD_LOGIC;
         m1:OUT STD_LOGIC_VECTOR(3 DOWNTO 0);
         m0:OUT STD_LOGIC_VECTOR(3 DOWNTO 0));
END counter60;

ARCHITECTURE behavioral OF counter60 IS
BEGIN
    PROCESS(clr,clk)
    VARIABLE t_m1:STD_LOGIC_VECTOR(3 DOWNTO 0);
    VARIABLE t_m0:STD_LOGIC_VECTOR(3 DOWNTO 0);
    BEGIN
      IF(clr = '0') THEN
            t_m1:= "0000";
            t_m0:= "0000";
      ELSE
          IF(clk'event and clk = '1') THEN
              IF(t_m1 = "0101" and t_m0 = "1001") THEN
                  t_m0:= "0000";
                  t_m1:= "0000";
              ELSIF(t_m0 = "1001") THEN
                  t_m0:= "0000";
                  t_m1:= t_m1 + 1;
              ELSE
                  t_m0:= t_m0 + 1;
              END IF;
          END IF;
      END IF;
         m1 <= t_m1;
         m0 <= t_m0;
    END PROCESS;
END behavioral;
```

对应的测试源代码如下所示:

```vhdl
LIBRARY IEEE;
USE IEEE.STD_LOGIC_1164.ALL;
USE IEEE.STD_LOGIC_UNSIGNED.ALL;
USE IEEE.NUMERIC_STD.ALL;

ENTITY counter60_tb IS
END counter60_tb;

ARCHITECTURE behavior OF counter60_tb IS
   COMPONENT counter60
     PORT( clr:IN STD_LOGIC;
           clk:IN STD_LOGIC;
           m1:OUT STD_LOGIC_VECTOR(3 DOWNTO 0);
           m0:OUT STD_LOGIC_VECTOR(3 DOWNTO 0));
   END COMPONENT;
   SIGNAL clr:STD_LOGIC := '0';
   SIGNAL clk:STD_LOGIC := '0';
   SIGNAL m1:STD_LOGIC_VECTOR(3 DOWNTO 0);
   SIGNAL M0:STD_LOGIC_VECTOR(3 DOWNTO 0);
BEGIN
     uut: counter60 PORT MAP
                   (clr => clr,clk => clk,m1 => m1,m0 => m0);
     tb_clr:PROCESS
         BEGIN
             clr <= '0';
             wait for 30 ns;
             clr <= '1';
             wait;
         END PROCESS;
     tb_clk:PROCESS
         BEGIN
             clk <= '0';
             FOR i IN 0 TO 127 LOOP
             wait for 10 ns;
             clk <= not clk;
         END LOOP;
             wait;
         END PROCESS;
END;
```

利用此测试源代码所得的六十进制计数器的测试波形如图 2-25 所示。

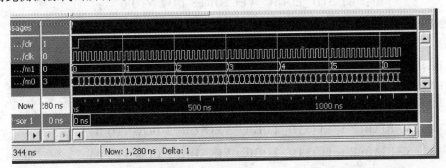

a) 全图

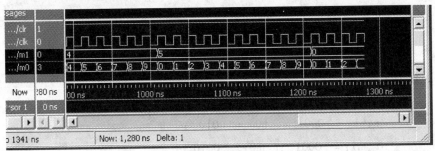

b) 59到00跳变图

图 2-25　六十进制计数器的测试波形

【例 2-18】　带小时、分钟、秒的数字钟电路设计。

数字钟的小时、分钟和秒可以分开单独设计再连接，也可以设计成一个完整的单元实现 235959 计数功能。

解：其功能源代码如下所示：

```
LIBRARY IEEE;
USE IEEE.STD_LOGIC_1164.ALL;
USE IEEE.STD_LOGIC_ARITH.ALL;
USE IEEE.STD_LOGIC_UNSIGNED.ALL;

ENTITY hms235959 IS
    PORT (clr:IN STD_LOGIC;
          clk:IN STD_LOGIC;
          h1:OUT STD_LOGIC_VECTOR(3 DOWNTO 0);
          h0:OUT STD_LOGIC_VECTOR(3 DOWNTO 0);
          m1:OUT STD_LOGIC_VECTOR(3 DOWNTO 0);
          m0:OUT STD_LOGIC_VECTOR(3 DOWNTO 0);
          s1:OUT STD_LOGIC_VECTOR(3 DOWNTO 0);
```

```vhdl
              s0:OUT STD_LOGIC_VECTOR(3 DOWNTO 0));
END hms235959;

ARCHITECTURE behavioral OF hms235959 IS
BEGIN
    PROCESS(clr,clk)
      VARIABLE t_h1:STD_LOGIC_VECTOR(3 DOWNTO 0);
      VARIABLE t_h0:STD_LOGIC_VECTOR(3 DOWNTO 0);
      VARIABLE t_m1:STD_LOGIC_VECTOR(3 DOWNTO 0);
      VARIABLE t_m0:STD_LOGIC_VECTOR(3 DOWNTO 0);
      VARIABLE t_s1:STD_LOGIC_VECTOR(3 DOWNTO 0);
      VARIABLE t_s0:STD_LOGIC_VECTOR(3 DOWNTO 0);
    BEGIN
      IF(clr='0') THEN
          t_h1:="0001";t_h0:="0010";
          t_m1:="0001";t_m0:="0010";
          t_s1:="0001";t_s0:="0010";
      ELSE
        IF(clk'event and clk='1') THEN
          IF(t_h1="0010" and t_h0="0011" and t_m1="0101" and
             t_m0="1001" and t_s1="0101" and t_s0="1001") THEN
               t_h1:="0000"; t_h0:="0000";
               t_m1:="0000"; t_m0:="0000";
               t_s1:="0000"; t_s0:="0000";
          ELSIF(t_h0="1001" and t_m1="0101" and t_m0="1001" and
             t_s1="0101" and t_s0="1001") THEN
               t_h1:=t_h1+1;t_h0:="0000";
               t_m1:="0000";t_m0:="0000";
               t_s1:="0000";t_s0:="0000";
          ELSIF(t_m1="0101" and t_m0="1001" and t_s1="0101" and
             t_s0="1001") THEN
```

```vhdl
                    t_h0 := t_h0 + 1;
                    t_m1 := "0000"; t_m0 := "0000";
                    t_s1 := "0000"; t_s0 := "0000";
            ELSIF( t_m0 = "1001" and t_s1 = "0101" and t_s0 = "1001" ) THEN
                    t_m1 := t_m1 + 1; t_m0 := "0000";
                    t_s1 := "0000"; t_s0 := "0000";
            ELSIF( t_s1 = "0101" and t_s0 = "1001" ) THEN
                    t_m0 := t_m0 + 1;
                    t_s1 := "0000"; t_s0 := "0000";
            ELSIF( t_s0 = "1001" ) THEN
                    t_s1 := t_s1 + 1; t_s0 := "0000";
            ELSE
                    t_s0 := t_s0 + 1;
            END IF;
         END IF;
      END IF;
        h1 <= t_h1;
        h0 <= t_h0;
        m1 <= t_m1;
        m0 <= t_m0;
        s1 <= t_s1;
        s0 <= t_s0;
    END PROCESS;
END behavioral;
```

对应的测试源代码如下所示:

```vhdl
LIBRARY IEEE;
USE IEEE.STD_LOGIC_1164.ALL;
USE IEEE.STD_LOGIC_UNSIGNED.ALL;
USE IEEE.NUMERIC_STD.ALL;


ENTITY hms235959_tb_vhd IS
END hms235959_tb_vhd;


ARCHITECTURE behavior OF hms235959_tb_vhd IS
```

```vhdl
    COMPONENT hms235959
      PORT (clr:IN STD_LOGIC;
            clk:IN STD_LOGIC;
            h1:OUT STD_LOGIC_VECTOR(3 DOWNTO 0);
            h0:OUT STD_LOGIC_VECTOR(3 DOWNTO 0);
            m1:OUT STD_LOGIC_VECTOR(3 DOWNTO 0);
            m0:OUT STD_LOGIC_VECTOR(3 DOWNTO 0);
            s1:OUT STD_LOGIC_VECTOR(3 DOWNTO 0);
            s0:OUT STD_LOGIC_VECTOR(3 DOWNTO 0));
    END COMPONENT;
    SIGNAL clr :STD_LOGIC :='0';
    SIGNAL clk:STD_LOGIC :='0';
    SIGNAL h1:STD_LOGIC_VECTOR(3 DOWNTO 0);
    SIGNAL h0:STD_LOGIC_VECTOR(3 DOWNTO 0);
    SIGNAL m1:STD_LOGIC_VECTOR(3 DOWNTO 0);
    SIGNAL m0:STD_LOGIC_VECTOR(3 DOWNTO 0);
    SIGNAL s1:STD_LOGIC_VECTOR(3 DOWNTO 0);
    SIGNAL s0:STD_LOGIC_VECTOR(3 DOWNTO 0);
BEGIN
    uut: hms235959 PORT MAP
                  (clr => clr,clk => clk,h1 => h1,h0 => h0,
                   m1 => m1,m0 => m0,s1 => s1,s0 => s0);
    tb_clr:PROCESS
        BEGIN
            clr <= '0';
            wait for 100 ns;
            clr <= '1';
            wait;
        END PROCESS;
    tb_clk:PROCESS
        BEGIN
            clk <= '0';
            FOR i IN 0 TO 1000000 LOOP
              wait for 100 ns;
              clk <= not clk;
            END LOOP;
            wait;
        END PROCESS;
END;
```

利用此测试源代码测试所测波形显示不方便,此处略去,读者可以参照功能源代码和测试源代码自行仿真测试。

3. 分频器

分频器在数字电路中也是非常基本、比较常用的电路,一般的硬件电路中晶振会产生一定频率的脉冲信号,但这个脉冲信号的频率不能满足实际电路的需要,因此还需要进行脉冲信号的频率调整,此时可以用到分频器。

【例 2-19】 不带复位的 2 分频器设计。

2 分频器是最基本的分频器可以使输入脉冲信号的频率减半,周期增大一倍。基本的分频思想是统计输入脉冲信号的上升沿的个数。

解:其功能源代码如下所示:

```
LIBRARY IEEE;
USE IEEE.STD_LOGIC_1164.ALL;
USE IEEE.STD_LOGIC_ARITH.ALL;
USE IEEE.STD_LOGIC_UNSIGNED.ALL;

ENTITY df2 IS
    PORT(clk_in:IN STD_LOGIC;
         clk_out:OUT STD_LOGIC);
END df2;

ARCHITECTURE behavioral OF df2 IS
BEGIN
    PROCESS(clk_in)
        VARIABLE temp:INTEGER RANGE 0 TO 2;
    BEGIN
        IF(clk_in'event and clk_in = '1') THEN
            IF(temp < 1) THEN
                clk_out <= '0';
                temp: = temp + 1;
            ELSE
                clk_out <= '1';
                temp: = 0;
            END IF;
        END IF;
    END PROCESS;
END behavioral;
```

对应的测试源代码如下所示：

```vhdl
LIBRARY IEEE;
USE IEEE.STD_LOGIC_1164.ALL;
USE IEEE.STD_LOGIC_UNSIGNED.ALL;
USE IEEE.NUMERIC_STD.ALL;

ENTITY df2_tb IS
END df2_tb;

ARCHITECTURE behavior OF df2_tb IS
  COMPONENT df2
    PORT (clk_in: IN STD_LOGIC;
          clk_out: OUT STD_LOGIC);
  END COMPONENT;
  SIGNAL clk_in: std_logic := '0';
  SIGNAL clk_out: std_logic;
BEGIN
    uut: df2 PORT MAP (clk_in => clk_in,
                       clk_out => clk_out);
    tb: PROCESS
      BEGIN
        clk_in <= '0';
        FOR i IN 0 TO 16 LOOP
          wait for 10 ns;
          clk_in <= not clk_in;
        END LOOP;
        wait;
      END PROCESS;
END behavior;
```

利用此测试源代码所得的 2 分频器的测试波形如图 2-26 所示。

【例 2-20】 8 分频器设计。

8 分频器可以使输入脉冲信号的周期变为原来周期的 8 倍。下面我们设计一个带复位端的 8 分频器。

解：其功能源代码如下所示：

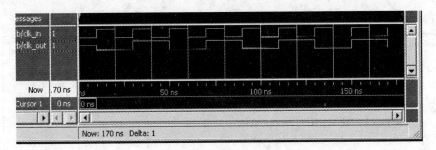

图 2-26　2 分频器的测试波形

```
LIBRARY IEEE;
USE IEEE.STD_LOGIC_1164.ALL;
USE IEEE.STD_LOGIC_ARITH.ALL;
USE IEEE.STD_LOGIC_UNSIGNED.ALL;

ENTITY df8_r IS
    PORT(rst,clk_in:IN STD_LOGIC;
         clk_out:BUFFER STD_LOGIC);
END df8_r;

ARCHITECTURE behavioral OF df8_r IS
BEGIN
    PROCESS(clk_in)
        VARIABLE temp_q:INTEGER RANGE 0 TO 31;
    BEGIN
        IF(rst='0') THEN
            clk_out <= '0';temp_q:=0;
        ELSE
            IF(clk_in'event and clk_in='1') THEN
                IF(temp_q<3) THEN
                    temp_q:=temp_q+1;
                ELSE
                    clk_out <= not clk_out;
                    temp_q:=0;
                END IF;
            END IF;
        END IF;
    END PROCESS;
END behavioral;
```

对应的测试源代码如下所示:

```vhdl
LIBRARY IEEE;
USE IEEE.STD_LOGIC_1164.ALL;
USE IEEE.STD_LOGIC_UNSIGNED.ALL;
USE IEEE.NUMERIC_STD.ALL;

ENTITY df8_r_tb IS
END df8_r_tb;

ARCHITECTURE behavior OF df8_r_tb IS
  COMPONENT df8_r
    PORT(rst,clk_in:IN STD_LOGIC;
         clk_out:BUFFER STD_LOGIC);
  END COMPONENT;
  SIGNAL rst,clk_in:STD_LOGIC;
  SIGNAL clk_out:STD_LOGIC;
BEGIN
    uut: df8_r PORT MAP
             (rst => rst,clk_in => clk_in,clk_out => clk_out);
    tb_rst:PROCESS
        BEGIN
            rst <= '0';
            wait for 55 ns;rst <= '1';
            wait for 640 ns;
            wait;
        END PROCESS;
    tb_clk_in:PROCESS
          BEGIN
              clk_in <= '0';
            FOR I IN 0 TO 64 LOOP
              wait for 10 ns;clk_in <= not clk_in;
            END LOOP;
            wait for 20 ns;
            wait;
          END PROCESS;
END;
```

利用此测试源代码所得的 8 分频器的测试波形如图 2-27 所示。

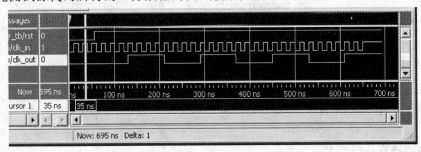

图 2-27 8 分频器的测试波形

【例 2-21】 带复位的 10 分频器设计。

本例的设计过程与 8 分频器电路的设计过程相似，使输入脉冲信号的周期变为原来周期的 10 倍。

解：其功能源代码如下所示：

```vhdl
LIBRARY IEEE;
USE IEEE.STD_LOGIC_1164.ALL;
USE IEEE.STD_LOGIC_ARITH.ALL;
USE IEEE.STD_LOGIC_UNSIGNED.ALL;

ENTITY DF10_R IS
    PORT(rst,clk_in:IN STD_LOGIC;
         clk_out:BUFFER STD_LOGIC);
END DF10_R;

ARCHITECTURE behavioral OF df10_r IS
BEGIN
    PROCESS(clk_in)
      VARIABLE temp_q:INTEGER RANGE 0 TO 31;
    BEGIN
        IF(rst = '0') THEN
            clk_out <= '0';temp_q: = 0;
        ELSE
            IF(clk_in' event and clk_in = '1') THEN
              IF(temp_q < 4) THEN
                temp_q: = temp_q + 1;
              ELSE
                clk_out <= not clk_out;
```

```
                    temp_q: = 0;
                END IF;
            END IF;
        END IF;
    END PROCESS;
END behavioral;
```

对应的测试源代码如下所示:

```
LIBRARY IEEE;
USE IEEE.STD_LOGIC_1164.ALL;
USE IEEE.STD_LOGIC_UNSIGNED.ALL;
USE IEEE.NUMERIC_STD.ALL;

ENTITY df10_r_tb IS
END df10_r_tb;

ARCHITECTURE behavior OF df10_r_tb IS
  COMPONENT df10_r
    PORT(rst,clk_in:IN STD_LOGIC;
         clk_out:BUFFER STD_LOGIC);
  END COMPONENT;
  SIGNAL rst,clk_in:STD_LOGIC;
  SIGNAL clk_out:STD_LOGIC;
BEGIN
    uut:df10_r PORT MAP
            (rst => rst, clk_in => clk_in, clk_out => clk_out);
    tb_rst:PROCESS
        BEGIN
            rst <= '0';
            wait for 55 ns;rst <= '1';
            wait for 640 ns;
            wait;
        END PROCESS;
    tb_clk_in:PROCESS
        BEGIN
```

```
                    clk_in <= '0';
                FOR i IN 0 TO 64 LOOP
                    wait for 10 ns; clk_in <= not clk_in;
                END LOOP;
                wait for 20 ns;
                wait;
            END PROCESS;
        END behavior;
```

利用此测试源代码所得的 10 分频器的测试波形如图 2-28 所示。

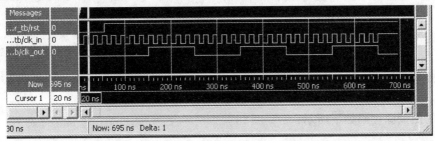

图 2-28 10 分频器的测试波形

参照上述设计过程，可以设计出类似的占空比为 50% 的偶数分频器。

【例 2-22】 带复位的 50 分频器设计。

解：其功能源代码如下所示：

```
LIBRARY IEEE;
USE IEEE.STD_LOGIC_1164.ALL;
USE IEEE.STD_LOGIC_ARITH.ALL;
USE IEEE.STD_LOGIC_UNSIGNED.ALL;

ENTITY df50_r IS
    PORT(rst,clk_in:IN STD_LOGIC;
         clk_out:BUFFER STD_LOGIC);
END df50_r;

ARCHITECTURE behavioral OF df50_r IS
BEGIN
    PROCESS(clk_in)
        VARIABLE temp_q:INTEGER RANGE 0 TO 31;
    BEGIN
        IF(rst = '0') THEN
```

```vhdl
                clk_out <= '0'; temp_q: = 0;
            ELSE
                IF(clk_in' event and clk_in = '1') THEN
                    IF(temp_q < 24) THEN
                        temp_q: = temp_q + 1;
                    ELSE
                        clk_out <= not clk_out;
                        temp_q: = 0;
                    END IF;
                END IF;
            END IF;
        END PROCESS;
END behavioral;
```

对应的测试源代码如下所示:

```vhdl
LIBRARY IEEE;
USE IEEE.STD_LOGIC_1164.ALL;
USE IEEE.STD_LOGIC_UNSIGNED.ALL;
USE IEEE.NUMERIC_STD.ALL;

ENTITY df50_r_tb IS
END df50_r_tb;

ARCHITECTURE behavior OF df50_r_tb IS
    COMPONENT df50_r
        PORT(rst, clk_in: IN STD_LOGIC;
             clk_out: BUFFER STD_LOGIC);
    END COMPONENT;
    SIGNAL rst, clk_in: STD_LOGIC;
    SIGNAL clk_out: STD_LOGIC;
BEGIN
    uut: df50_r PORT MA
            (rst => rst, clk_in => clk_in, clk_out => clk_out);
    tb_rst: PROCESS
```

```
        BEGIN
            rst <= '0';
            wait for 15 ns; rst <= '1';
            wait for 2600 ns;
            wait;
        END PROCESS;
    tb_clk_in:PROCESS
        BEGIN
            clk_in <= '0';
            FOR i IN 0 TO 255 LOOP
            wait for 10 ns; clk_in <= not clk_in;
            END LOOP;
            wait for 20 ns;
            wait;
        END PROCESS;
END;
```

利用此测试源代码所得的 50 分频器的测试波形如图 2-29 所示。

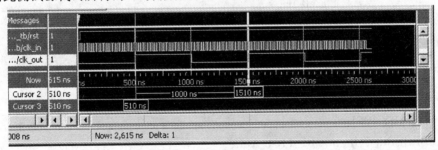

图 2-29 50 分频器的测试波形

【例 2-23】 带复位的 100 分频器设计。

解：其功能源代码如下所示：

```
LIBRARY IEEE;
USE IEEE.STD_LOGIC_1164.ALL;
USE IEEE.STD_LOGIC_ARITH.ALL;
USE IEEE.STD_LOGIC_UNSIGNED.ALL;

ENTITY df100_r IS
    PORT(rst,clk_in:IN STD_LOGIC;
         clk_out:BUFFER STD_LOGIC);
```

```
END df100_r;

ARCHITECTURE behavioral OF df100_r IS
BEGIN
    PROCESS(clk_in)
        VARIABLE temp_q:INTEGER RANGE 0 TO 63;
    BEGIN
        IF(rst = '0') THEN
            clk_out <= '0';temp_q: = 0;
        ELSE
            IF(clk_in' event and clk_in = '1') THEN
                IF(temp_q < 49) THEN
                    temp_q: = temp_q + 1;
                ELSE
                    clk_out <= not clk_out;
                    temp_q: = 0;
                END IF;
            END IF;
        END IF;
    END PROCESS;
END behavioral;
```

对应的测试源代码如下所示:

```
LIBRARY IEEE;
USE IEEE.STD_LOGIC_1164.ALL;
USE IEEE.STD_LOGIC_UNSIGNED.ALL;
USE IEEE.NUMERIC_STD.ALL;

ENTITY df100_r_tb IS
END df100_r_tb;

ARCHITECTURE behavior OF df100_r_tb IS
  COMPONENT df100_r
    PORT(rst,clk_in:IN STD_LOGIC;
         clk_out:BUFFER STD_LOGIC);
  END COMPONENT;
```

第2章 VHDL 程序设计

```
        SIGNAL rst,clk_in:STD_LOGIC;
        SIGNAL clk_out:STD_LOGIC;
BEGIN
    uut: df100_r PORT MAP
            (rst => rst,clk_in => clk_in,clk_out => clk_out);
    tb_rst:PROCESS
        BEGIN
            rst <= '0';
            wait for 15 ns;rst <= '1';
            wait for 5200 ns;
            wait;
        END PROCESS;
    tb_clk_in:PROCESS
            BEGIN
              clk_in <= '0';
            FOR I IN 0 TO 512 LOOP
                wait for 10 ns;clk_in <= not clk_in;
            END LOOP;
            wait for 20 ns;
            wait;
        END PROCESS;
END;
```

利用此测试源代码所得的100分频器的测试波形如图2-30所示。

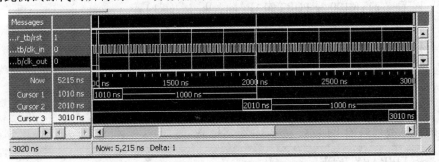

图 2-30 100 分频器的测试波形

在实际的复杂系统设计过程中,开发板上的晶振所提供的脉冲信号的频率一般都比较大(实验室所用的开发板的晶振频率为50MHz),因此在实际的设计过程中一般需要分频。如果把50MHz的脉冲信号变成1Hz的信号,则需要进行50×10^6分频,如果直接参照上面的设计方法,将会处理比较大的数据。这时可以采用元器件例化的方式,即采用前面设计好的分频器,通过级联的方式得到较大分频数的分频器。

【例 2-24】　1×10^6 分频器电路设计。
1×10^6 分频器设计时可以采用三个 100 分频器级联得到。
解：其功能源代码如下所示：

```vhdl
LIBRARY IEEE;
USE IEEE.STD_LOGIC_1164.ALL;
USE IEEE.STD_LOGIC_ARITH.ALL;
USE IEEE.STD_LOGIC_UNSIGNED.ALL;

ENTITY df1m_r IS
    PORT(rst,clk_in:IN STD_LOGIC;
         clk_out:OUT STD_LOGIC);
END DF1M_R;
ARCHITECTURE behavioral OF df1m_r IS
  COMPONENT fp100_r
    PORT(rst,clk_in:IN STD_LOGIC;
         clk_out:BUFFER STD_LOGIC);
  END COMPONENT;
  COMPONENT fp50_r
    PORT(rst,clk_in:IN STD_LOGIC;
         clk_out:BUFFER STD_LOGIC);
  END COMPONENT;
  SIGNAL clk1,clk2,clk3:STD_LOGIC;
BEGIN
    u1:fp100_r PORT MAP(rst,clk_in,clk1);
    u2:fp100_r PORT MAP(rst,clk1,clk2);
    u3:fp100_r PORT MAP(rst,clk2,clk3);
    u4:fp50_r PORT MAP(rst,clk3,clk_out);
END behavioral;
```

对应的测试源代码如下所示：

```vhdl
LIBRARY IEEE;
USE IEEE.STD_LOGIC_1164.ALL;
USE IEEE.STD_LOGIC_UNSIGNED.ALL;
USE IEEE.NUMERIC_STD.ALL;

ENTITY df1M_r_tb IS
```

```
END df1M_r_tb;

ARCHITECTURE behavior OF df1M_r_tb IS
    COMPONENT df1M_r
      PORT(rst,clk_in:IN STD_LOGIC;
           clk_out:BUFFER STD_LOGIC);
    END COMPONENT;
    SIGNAL rst,clk_in:STD_LOGIC;
    SIGNAL clk_out:STD_LOGIC;
BEGIN
    uut: df1M_r PORT MAP
          (rst => rst,clk_in => clk_in,clk_out => clk_out);
    tb_rst:PROCESS
        BEGIN
          rst <= '0';
          wait for 15 ns;rst <= '1';
          wait for 2048000000 ns;
          wait;
      END PROCESS;
    tb_clk_in:PROCESS
        BEGIN
          clk_in <= '0';
          FOR i IN 0 TO 2048000000 LOOP
            wait for 10 ns;clk_in <= not clk_in;
          END LOOP;
          wait for 20 ns;
          wait;
      END PROCESS;
END;
```

利用此测试源代码所得的 1×10^6 分频器的测试波形如图 2-31 所示。

4. 寄存器与存储器

寄存器用来暂时存放正在被处理的二进制数据和信息。在时钟触发信号和输入使能信号的控制下，n 位数据同步并行"写入"寄存器中存放；在时钟触发信号和输出使能信号的控制下，寄存器内的数据并行或串行"读出"。

锁存器的功能与寄存器相类似，但采用的是电平触发的触发器。

移位寄存器是具有移位功能的寄存器，不但能存储数据，还能根据控制要求实现"移位"功能，例如将计算机内的并行数据从某端口逐位顺序输出（串行输出）。

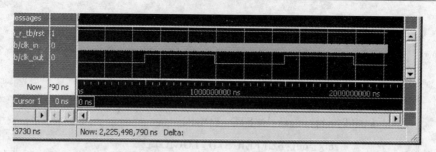

图 2-31 1×10^6 分频器的测试波形

【例 2-25】 8 位移位寄存器设计。

解：其基本功能源代码如下所示：

```
LIBRARY IEEE;
USE IEEE.STD_LOGIC_1164.ALL;
USE IEEE.STD_LOGIC_ARITH.ALL;
USE IEEE.STD_LOGIC_UNSIGNED.ALL;

ENTITY reg_shift IS
    PORT(din:IN STD_LOGIC_VECTOR(7 DOWNTO 0);
         clk:IN STD_LOGIC;
         load:IN STD_LOGIC;
         qb:OUT STD_LOGIC);
END reg_shift;

ARCHITECTURE behavioral OF reg_shift IS
BEGIN
    PROCESS(clk,load)
        VARIABLE reg8:STD_LOGIC_VECTOR(7 DOWNTO 0);
    BEGIN
        IF rising_edge(clk) THEN
            IF load = '1' THEN
                reg8: = din;
            ELSE
                reg8(6 DOWNTO 0) : = reg8(7 DOWNTO 1);
            END IF;
        END IF;
        qb <= reg8(0);
    END PROCESS;
END behavioral;
```

对应的测试源代码如下所示：

```vhdl
LIBRARY IEEE;
USE IEEE.STD_LOGIC_1164.ALL;
USE IEEE.STD_LOGIC_ARITH.ALL;
USE IEEE.STD_LOGIC_UNSIGNED.ALL;

ENTITY reg_shift_tb IS
END reg_shift_tb;

ARCHITECTURE behavioral OF reg_shift_tb IS
  COMPONENT reg_shift
    PORT(din:IN STD_LOGIC_VECTOR(7 DOWNTO 0);
         clk:IN STD_LOGIC;
         load:IN STD_LOGIC;
         qb:OUT STD_LOGIC);
  END COMPONENT;
  SIGNAL din:STD_LOGIC_VECTOR(7 DOWNTO 0);
  SIGNAL clk,load:STD_LOGIC;
  SIGNAL qb:STD_LOGIC;
BEGIN
    u1:reg_shift PORT MAP(din,clk,load,qb);
    tb_1:PROCESS
      BEGIN
        din <= "01011001";
        load <= '1';
        wait for 20 ns;load <= '0';
        wait for 64 ns;wait;
      END PROCESS;
    tb_clk:PROCESS
      BEGIN
        clk <= '0';
        FOR i IN 0 TO 63 LOOP
          wait for 10 ns;clk <= not clk;
        END LOOP;
        wait for 20 ns;
        wait;
      END PROCESS;
END;
```

利用此测试源代码所得的 8 位移位寄存器的测试波形如图 2-32 所示。

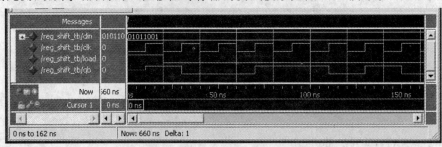

图 2-32 8 位移位寄存器的测试波形

存储器是数字电路中的重要单元,存储器可以分为只读存储器 ROM 和随机存取存储器 RAM。

ROM 内存储的信息是系统在非工作状态时被存入的,系统运行中只能被读出而不能被修改,在数字电路中常用来存储一些不需要改变并且可以长期保存的数据。

RAM 内存储的数据可以根据指令进行修改,即既可以写入数据,也可以读出其中存储的数据,其被访问时间和地址不受限制,在系统运行期间可以任意执行读写操作。

【例 2-26】 8×8 ROM 电路设计。

8×8 ROM 可以存放 8 个 8 位二进制数据。

解:其基本功能源代码如下所示:

```
LIBRARY IEEE;
USE IEEE.STD_LOGIC_1164.ALL;
USE IEEE.STD_LOGIC_ARITH.ALL;
USE IEEE.STD_LOGIC_UNSIGNED.ALL;

ENTITY rom8_8 IS
    PORT(clk_in:IN STD_LOGIC;
         addr:IN STD_LOGIC_VECTOR(2 DOWNTO 0);
         q:OUT STD_LOGIC_VECTOR(7 DOWNTO 0));
END rom8_8;
ARCHITECTURE behavioral OF rom8_8 IS
BEGIN
    PROCESS(clk_in)
    BEGIN
        IF(clk_in'event and clk_in = '1') THEN
            CASE addr IS
                when "000" => Q <= "00010001";
                when "001" => Q <= "00100100";
                when "010" => Q <= "01010101";
```

```
                    when " 011 " => Q <= " 01101101 ";
                    when " 100 " => Q <= " 10010010 ";
                    when " 101 " => Q <= " 10110110 ";
                    when " 110 " => Q <= " 11011011 ";
                    when " 111 " => Q <= " 11111111 ";
                    when OTHERS => Q <= " 00000000 ";
            END CASE;
        END IF;
    END PROCESS;
END behavioral;
```

对应的测试源代码如下所示：

```
LIBRARY IEEE;
USE IEEE. STD_LOGIC_1164. ALL;
USE IEEE. STD_LOGIC_ARITH. ALL;
USE IEEE. STD_LOGIC_UNSIGNED. ALL;

ENTITY rom8_8_tb IS
END rom8_8_tb;
ARCHITECTURE behavioral OF rom8_8_tb IS
COMPONENT rom8_8
    PORT(clk_in:IN STD_LOGIC;
         addr:IN STD_LOGIC_VECTOR(2 DOWNTO 0);
         q:OUT STD_LOGIC_VECTOR(7 DOWNTO 0));
    END COMPONENT;
    SIGNAL clk_in:STD_LOGIC;
    SIGNAL addr:STD_LOGIC_VECTOR(2 DOWNTO 0);
    SIGNAL q:STD_LOGIC_VECTOR(7 DOWNTO 0);
BEGIN
    u1:rom8_8 PORT MAP(clk_in,addr,q);
    tb_clk:PROCESS
        BEGIN
            clk_in <= ' 0 ';
            FOR I IN 0 TO 15 LOOP
                wait for 10 ns;clk_in <= not clk_in;
            END LOOP;
```

```
                wait for 10 ns;wait;
            END PROCESS;
    tb_addr:PROCESS
            BEGIN
              addr <= " 000 ";
            FOR I IN 0 TO 8 LOOP
              wait for 30 ns;addr <= addr + 1;
            END LOOP;
            wait for 10 ns;
            wait;
        END PROCESS;
  END;
```

利用此测试源代码所得的 8×8 ROM 的测试波形如图 2-33 所示。

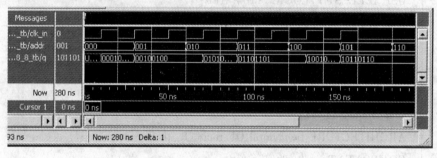

图 2-33　8×8 ROM 的测试波形

【例 2-27】 8×8 RAM 的电路设计（方法一）。

RAM 地址的表达转换采用函数的形式来实现。

解： 其基本功能源代码如下所示：

```
LIBRARY IEEE;
USE IEEE.STD_LOGIC_1164.ALL;
USE IEEE.STD_LOGIC_ARITH.ALL;
USE IEEE.STD_LOGIC_UNSIGNED.ALL;

ENTITY ram8_8 IS
    PORT(clk_in,wr_en:IN STD_LOGIC;
         addr:IN STD_LOGIC_VECTOR(2 DOWNTO 0);
         data:IN STD_LOGIC_VECTOR(7 DOWNTO 0);
         q:OUT STD_LOGIC_VECTOR(7 DOWNTO 0));
END ram8_8;
```

```vhdl
ARCHITECTURE behavioral OF ram8_8 IS
    FUNCTION SLVtoINT(addr:STD_LOGIC_VECTOR(2 DOWNTO 0))
    RETURN INTEGER IS
    BEGIN
        CASE addr IS
            when "000" => RETURN 0;
            when "001" => RETURN 1;
            when "010" => RETURN 2;
            when "011" => RETURN 3;
            when "100" => RETURN 4;
            when "101" => RETURN 5;
            when "110" => RETURN 6;
            when "111" => RETURN 7;
            when others => NULL;
        END CASE;
    END FUNCTION SLVtoINT;
TYPE RAM64 IS ARRAY(0 to 7) of STD_LOGIC_VECTOR(7 DOWNTO 0);
    SIGNAL ram1:RAM64;
BEGIN
    PROCESS(clk_in)
    BEGIN
        IF(clk_in'event and clk_in = '1') THEN
            IF(wr_en = '1') THEN
                ram1(SLVtoINT(addr)) <= data;
            ELSIF(wr_en = '0') THEN
                q <= ram1(SLVtoINT(addr));
            END IF;
        END IF;
    END PROCESS;
END behavioral;
```

对应的测试源代码如下所示:

```vhdl
LIBRARY IEEE;
USE IEEE.STD_LOGIC_1164.ALL;
USE IEEE.STD_LOGIC_ARITH.ALL;
USE IEEE.STD_LOGIC_UNSIGNED.ALL;
```

```vhdl
ENTITY ram8_8_tb IS
END ram8_8_tb;
ARCHITECTURE behavioral OF ram8_8_tb IS
    COMPONENT ram8_8
        PORT(clk_in,wr_en:IN STD_LOGIC;
             addr:IN STD_LOGIC_VECTOR(2 DOWNTO 0);
             data:IN STD_LOGIC_VECTOR(7 DOWNTO 0);
             q:OUT STD_LOGIC_VECTOR(7 DOWNTO 0));
    END COMPONENT;
    SIGNAL clk_in,wr_en:STD_LOGIC;
    SIGNAL addr:STD_LOGIC_VECTOR(2 DOWNTO 0);
    SIGNAL data:STD_LOGIC_VECTOR(7 DOWNTO 0);
    SIGNAL q:STD_LOGIC_VECTOR(7 DOWNTO 0);
BEGIN
    u1:ram8_8 PORT MAP(clk_in,wr_en,addr,data,q);
    tb_clk:PROCESS
        BEGIN
            clk_in <= '0';
            FOR i IN 0 TO 31 LOOP
                wait for 10 ns;clk_in <= not clk_in;
            END LOOP;
            wait for 10 ns;
            wait;
        END PROCESS;
    tb_wren:PROCESS
        BEGIN
            wr_en <= '1';
            wait for 160 ns;wr_en <= '0';
            wait for 160 ns;
            wait;
        END PROCESS;
    tb_addr:PROCESS
        BEGIN
            addr <= "000";
            FOR i IN 0 TO 15 LOOP
```

第2章 VHDL 程序设计

```
            wait for 20 ns; addr <= addr + 1;
        END LOOP;
        wait for 10 ns;
        wait;
    END PROCESS;
    tb_data: PROCESS
    BEGIN
        data <= "00010001";
        wait for 20 ns; data <= "00100100";
        wait for 20 ns; data <= "01010101";
        wait for 20 ns; data <= "01101101";
        wait for 20 ns; data <= "10010010";
        wait for 20 ns; data <= "10110110";
        wait for 20 ns; data <= "11011011";
        wait for 20 ns; data <= "11111111";
        wait for 20 ns; data <= "00100100";
        wait for 20 ns; data <= "01010101";
        wait for 20 ns; data <= "01101101";
        wait for 20 ns; data <= "10010010";
        wait for 20 ns; data <= "10110110";
        wait for 20 ns; data <= "11011011";
        wait for 20 ns; data <= "11111111";
        wait for 20 ns; wait;
    END PROCESS;
END;
```

利用此测试源代码所得的 8×8 RAM（方法一）的测试波形如图 2-34 所示。

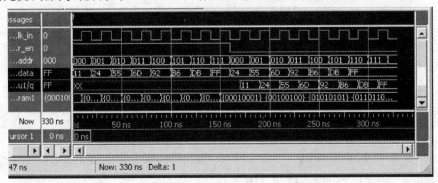

图 2-34 8×8RAM（方法一）的测试波形

【例 2-28】 8×8 RAM 的电路设计（方法二）。

RAM 地址的表达转换采用 CASE 语句来实现。

解：其基本功能源代码如下所示：

```
LIBRARY IEEE;
USE IEEE.STD_LOGIC_1164.ALL;
USE IEEE.STD_LOGIC_ARITH.ALL;
USE IEEE.STD_LOGIC_UNSIGNED.ALL;

ENTITY ram8_8_1 IS
  PORT(clk_in,wr_en:IN STD_LOGIC;
       addr:IN STD_LOGIC_VECTOR(2 DOWNTO 0);
       data:IN STD_LOGIC_VECTOR(7 DOWNTO 0);
       q:OUT STD_LOGIC_VECTOR(7 DOWNTO 0));
END ram8_8_1;

ARCHITECTURE behavioral OF ram8_8_1 IS
  TYPE RAM64 IS ARRAY(0 TO 7) OF STD_LOGIC_VECTOR(7 DOWNTO 0);
  SIGNAL ram1:RAM64;
BEGIN
    PROCESS(clk_in)
      VARIABLE taddr:INTEGER RANGE 0 TO 7;
    BEGIN
        IF(clk_in'event and clk_in='1') THEN
            CASE addr IS
              when "000" => taddr <= 0;
              when "001" => taddr <= 1;
              when "010" => taddr <= 2;
              when "011" => taddr <= 3;
              when "100" => taddr <= 4;
              when "101" => taddr <= 5;
              when "110" => taddr <= 6;
              when "111" => taddr <= 7;
              when others => NULL;
            END CASE;
            IF(wr_en='1') THEN
                ram1(taddr) <= data;
            ELSIF(wr_en='0') THEN
```

```
            q <= ram1(taddr);
        END IF;
    END IF;
END PROCESS;
END behavioral;
```

对应的测试源代码如下所示：

```
LIBRARY IEEE;
USE IEEE.STD_LOGIC_1164.ALL;
USE IEEE.STD_LOGIC_ARITH.ALL;
USE IEEE.STD_LOGIC_UNSIGNED.ALL;

ENTITY ram8_8_1_tb IS
END ram8_8_1_tb;
ARCHITECTURE behavioral OF ram8_8_1_tb IS
    COMPONENT ram8_8_1
        PORT(clk_in,wr_en:IN STD_LOGIC;
             addr:IN STD_LOGIC_VECTOR(2 DOWNTO 0);
             data:IN STD_LOGIC_VECTOR(7 DOWNTO 0);
             q:OUT STD_LOGIC_VECTOR(7 DOWNTO 0));
    END COMPONENT;
    SIGNAL clk_in,wr_en:STD_LOGIC;
    SIGNAL addr:STD_LOGIC_VECTOR(2 DOWNTO 0);
    SIGNAL data:STD_LOGIC_VECTOR(7 DOWNTO 0);
    SIGNAL q:STD_LOGIC_VECTOR(7 DOWNTO 0);
BEGIN
    u1:ram8_8_1 PORT MAP(clk_in,wr_en,addr,data,q);
    tb_clk:PROCESS
        BEGIN
            clk_in <= '0';
            FOR i IN 0 TO 31 LOOP
                wait for 10 ns;clk_in <= not clk_in;
            END LOOP;
            wait for 10 ns;
            wait;
```

```vhdl
            END PROCESS;
    tb_wren:PROCESS
        BEGIN
            wr_en <= '1';
            wait for 160 ns;wr_en <= '0';
            wait for 160 ns;
            wait;
        END PROCESS;
    tb_addr:PROCESS
        BEGIN
            addr <= "000";
        FOR i IN 0 TO 15 LOOP
            wait for 20 ns;addr <= addr + 1;
        END LOOP;
            wait for 10 ns;wait;
        END PROCESS;
    tb_data:PROCESS
        BEGIN
            data <= "00010001";
            wait for 20 ns;data <= "00100100";
            wait for 20 ns;data <= "01010101";
            wait for 20 ns;data <= "01101101";
            wait for 20 ns;data <= "10010010";
            wait for 20 ns;data <= "10110110";
            wait for 20 ns;data <= "11011011";
            wait for 20 ns;data <= "11111111";
            wait for 20 ns;data <= "00100100";
            wait for 20 ns;data <= "01010101";
            wait for 20 ns;data <= "01101101";
            wait for 20 ns;data <= "10010010";
            wait for 20 ns;data <= "10110110";
            wait for 20 ns;data <= "11011011";
            wait for 20 ns;data <= "11111111";
            wait for 20 ns;
            wait;
        END PROCESS;
END;
```

利用此测试源代码所得的 8×8 RAM（方法二）的测试波形如图 2-35 所示。

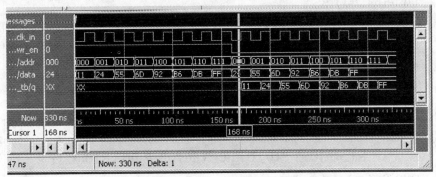

图 2-35 8×8 RAM（方法二）的测试波形

2.9 复杂数字电路设计

1. LED 循环流水灯设计

LED 流水灯可以实现 LED 灯的循环点亮，按下复位键后，首先第 1 个 LED 灯亮，然后第 1 个 LED 灯灭，第 2 个 LED 灯亮，然后第 2 个 LED 灯灭，第 3 个 LED 灯亮，然后第 3 个 LED 灯灭，第 4 个 LED 灯亮，然后第 4 个 LED 灯灭，第 5 个 LED 灯亮，然后第 5 个 LED 灯灭，第 6 个 LED 灯亮，然后第 6 个 LED 灯灭，第 7 个 LED 灯亮，然后第 7 个 LED 灯灭，第 8 个 LED 灯亮，然后第 8 个 LED 灯灭，第 1 个 LED 灯亮，依次进行循环。

灯亮和灯灭的时间间隔由设计者自己确定。LED 循环流水灯的系统框图如图 2-36 所示。

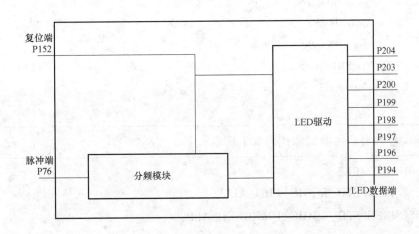

图 2-36 LED 循环流水灯的系统框图

其中的分频模块可以采用前面单元电路设计的分频单元级联得到，在此不再重复。要完成该电路的整体功能，还需要编写 LED 驱动模块和 LED 流水灯的顶层源代码。

（1）LED 驱动模块

LED 驱动模块的源代码如下所示：

```vhdl
LIBRARY IEEE;
USE IEEE.STD_LOGIC_1164.ALL;
USE IEEE.STD_LOGIC_ARITH.ALL;
USE IEEE.STD_LOGIC_UNSIGNED.ALL;

ENTITY liushuideng IS
   PORT(rst,clk_in:IN STD_LOGIC;
        lsd_out:OUT STD_LOGIC_VECTOR(7 DOWNTO 0));
END liushuideng;

ARCHITECTURE behavioral OF liushuideng IS
BEGIN
    PROCESS(rst,clk_in)
      VARIABLE temp:STD_LOGIC_VECTOR(7 DOWNTO 0) ;
      BEGIN
        IF(rst = '0') THEN
            temp: = "00000001";
        ELSE
            IF(clk_in' event and clk_in = '1') THEN
                temp: = temp(6 DOWNTO 0)&temp(7);
            END IF;
        END IF;
            lsd_out <= temp;
    END PROCESS;
END behavioral;
```

LED 驱动模块对应的测试源代码如下所示：

```vhdl
LIBRARY IEEE;
USE IEEE.STD_LOGIC_1164.ALL;
USE IEEE.STD_LOGIC_UNSIGNED.ALL;
USE IEEE.NUMERIC_STD.ALL;

ENTITY liushuideng_tb IS
END liushuideng_tb;
```

```vhdl
ARCHITECTURE behavior OF liushuideng_tb IS
    COMPONENT liushuideng
      PORT(rst,clk_in:IN STD_LOGIC;
           lsd_out:OUT STD_LOGIC_VECTOR(7 DOWNTO 0));
    END COMPONENT;
    SIGNAL rst,clk_in:STD_LOGIC;
    SIGNAL lsd_out:STD_LOGIC_VECTOR(7 DOWNTO 0);
BEGIN
    uut: liushuideng PORT MAP
                    (rst => rst,clk_in => clk_in,lsd_out => lsd_out);
    tb_rst:PROCESS
        BEGIN
            rst <= '0';
            wait for 55 ns;rst <= '1';
            wait for 640 ns;
            wait;
        END PROCESS;
    tb_clk_in:PROCESS
            BEGIN
            clk_in <= '0';
        FOR i IN 0 TO 64 LOOP
            wait for 10 ns;clk_in <= not clk_in;
        END LOOP;
            wait for 20 ns;
            wait;
        END PROCESS;
END;
```

利用测试源代码所得的 LED 驱动模块的测试波形如图 2-37 所示。

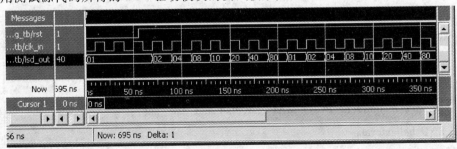

图 2-37 LED 驱动模块的测试波形

（2）LED 流水灯的顶层源代码

在开发板上实现流水灯功能，主要是完成分频模块和 LED 驱动模块的级联。其功能源代码如下所示：

```vhdl
LIBRARY IEEE;
USE IEEE.STD_LOGIC_1164.ALL;
USE IEEE.STD_LOGIC_ARITH.ALL;
USE IEEE.STD_LOGIC_UNSIGNED.ALL;

ENTITY led_lsd IS
  PORT(rst,clk_in:IN STD_LOGIC;
       led_lsd_out:OUT STD_LOGIC_VECTOR(7 DOWNTO 0));
END led_lsd;
ARCHITECTURE behavioral OF led_lsd IS
  COMPONENT fp100_r
    PORT(rst,clk_in:IN STD_LOGIC;
         clk_out:BUFFER STD_LOGIC);
  END COMPONENT;
  COMPONENT fp50_r
    PORT(rst,clk_in:IN STD_LOGIC;
         clk_out:BUFFER STD_LOGIC);
  END COMPONENT;
  COMPONENT liushuideng
    PORT(rst,clk_in:IN STD_LOGIC;
         lsd_out:OUT STD_LOGIC_VECTOR(7 DOWNTO 0));
  END COMPONENT;
  SIGNAL clk1,clk2,clk3,clk4:STD_LOGIC;
BEGIN
  u1:fp100_r PORT MAP(rst,clk_in,clk1);
  u2:fp100_r PORT MAP(rst,clk1,clk2);
  u3:fp100_r PORT MAP(rst,clk2,clk3);
  u4:fp50_r PORT MAP(rst,clk3,clk4);
  u5:liushuideng PORT MAP(rst,clk4,led_lsd_out);
END behavioral;
```

对应的测试源代码如下所示：

```vhdl
LIBRARY IEEE;
USE IEEE.STD_LOGIC_1164.ALL;
USE IEEE.STD_LOGIC_UNSIGNED.ALL;
USE IEEE.NUMERIC_STD.ALL;

ENTITY led_lsd_tb IS
END led_lsd_tb;

ARCHITECTURE behavior OF led_lsd_tb IS
  COMPONENT led_lsd
    PORT(rst,clk_in:IN STD_LOGIC;
         led_lsd_out:OUT STD_LOGIC_VECTOR(7 DOWNTO 0));
  END COMPONENT;
  SIGNAL rst,clk_in:STD_LOGIC;
  SIGNAL led_lsd_out:STD_LOGIC_VECTOR(7 DOWNTO 0);
BEGIN
    uut: led_lsd PORT MAP
             (rst => rst,clk_in => clk_in,led_lsd_out => led_lsd_out);
    tb_rst:PROCESS
        BEGIN
            rst <= '0';
            wait for 15 ns;rst <= '1';
            wait for 2048000000 ns;
            wait;
        END PROCESS;
    tb_clk_in:PROCESS
        BEGIN
            clk_in <= '0';
            FOR i IN 0 TO 2048000000 LOOP
              wait for 10 ns;clk_in <= not clk_in;
            END LOOP;
            wait for 20 ns;
            wait;
        END PROCESS;
END;
```

利用此测试源代码所得的 LED 循环流水灯的测试波形如图 2-38 所示。

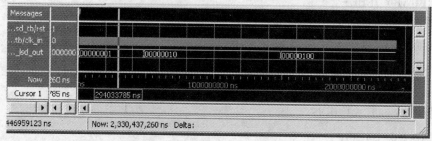

图 2-38　LED 循环流水灯的测试波形

2. 基于数码管的十进制计数器的设计

十进制计数器可以实现 0~9 的计数功能,最终要在数码管上显示出来,计数变化的时间快慢要能适应人眼的闪烁频率。最终的电路功能可以在红色飓风二代开发板上实现。在实现数码管显示时,由于只有一位数据的显示,只需要点亮其中的 1 个数码管,因此可以通过直接给数码管选择端赋固定值的方式实现。基于数码管的十进制计数器的系统框图如图 2-39 所示。

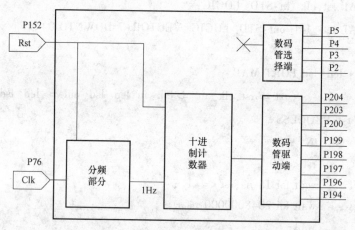

图 2-39　基于数码管的十进制计数器的系统框图

基于数码管的十进制计数器的系统框图中的分频部分可以参照 LED 流水灯的分频设计,用前面单元电路中的分频单元电路通过级联的方式得到;十进制计数器可以采用前面单元电路中的十进制计数器;数码管驱动部分采用单元电路中的七段数码管译码单元电路。

基于数码管的十进制计数器的顶层源代码如下所示:

```
LIBRARY IEEE;
USE IEEE. STD_LOGIC_1164. ALL;
USE IEEE. STD_LOGIC_ARITH. ALL;
USE IEEE. STD_LOGIC_UNSIGNED. ALL;

ENTITY counter10_smg IS
```

```vhdl
        PORT(rst,clk_in:IN STD_LOGIC;
             sel_smg:OUT STD_LOGIC_VECTOR (3 DOWNTO 0);
             smg_out:OUT STD_LOGIC_VECTOR(7 DOWNTO 0));
END counter10_smg;
ARCHITECTURE behavioral OF counter10_smg IS
  COMPONENT fp100_r
    PORT(rst,clk_in:IN STD_LOGIC;
         clk_out:BUFFER STD_LOGIC);
  END COMPONENT;
  COMPONENT fp50_r
    PORT(rst,clk_in:IN STD_LOGIC;
         clk_out:BUFFER STD_LOGIC);
  END COMPONENT;
  COMPONENT counter10
    PORT(clr:IN STD_LOGIC;
         clk:IN STD_LOGIC;
         cout:OUT STD_LOGIC_VECTOR(3 DOWNTO 0));
  END COMPONENT;
  COMPONENT yima4_7
    PORT(yin:IN STD_LOGIC_VECTOR(3 DOWNTO 0);
         yout:OUT STD_LOGIC_VECTOR(7 DOWNTO 0));
  END COMPONENT;
  SIGNAL clk1,clk2,clk3,clk4:STD_LOGIC;
  SIGNAL c10out:STD_LOGIC_VECTOR(3 DOWNTO 0);
BEGIN
    sel_smg <= "0001";
    u1:fp100_r PORT MAP(rst,clk_in,clk1);
    u2:fp100_r PORT MAP(rst,clk1,clk2);
    u3:fp100_r PORT MAP(rst,clk2,clk3);
    u4:fp50_r PORT MAP(rst,clk3,clk4);
    u5:counter10 PORT MAP(rst,clk4,c10out);
    u6:yima4_7 PORT MAP(c10out,smg_out);
END behavioral;
```

对应的测试源代码如下所示:

```vhdl
LIBRARY IEEE;
USE IEEE.STD_LOGIC_1164.ALL;
USE IEEE.STD_LOGIC_UNSIGNED.ALL;
USE IEEE.NUMERIC_STD.ALL;

ENTITY counter10_smg_tb IS
END counter10_smg_tb;

ARCHITECTURE behavior OF counter10_smg_tb IS
  COMPONENT counter10_smg
    PORT(rst,clk_in:IN STD_LOGIC;
         sel_smg:OUT STD_LOGIC_VECTOR(3 DOWNTO 0);
         smg_out:OUT STD_LOGIC_VECTOR(7 DOWNTO 0));
  END COMPONENT;
  SIGNAL rst,clk_in:STD_LOGIC;
  SIGNAL sel_smg:STD_LOGIC_VECTOR(3 DOWNTO 0);
  SIGNAL smg_out:STD_LOGIC_VECTOR(7 DOWNTO 0);
BEGIN
  uut: counter10_smg PORT MAP
                (rst => rst, clk_in => clk_in, sel_smg => sel_smg,
                 smg_out => smg_out);
  tb_rst:PROCESS
      BEGIN
          rst <= '0';
          wait for 15 ns;rst <= '1';
          wait for 2048000000 ns;
          wait;
      END PROCESS;
  tb_clk_in:PROCESS
      BEGIN
          clk_in <= '0';
          FOR i IN 0 TO 2048000000 LOOP
              wait for 10 ns;clk_in <= not clk_in;
          END LOOP;
          wait for 20 ns;
          wait;
      END PROCESS;
END;
```

利用此测试源代码所得的基于数码管的十进制计数器的测试波形如图 2-40 所示。

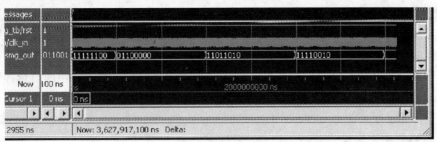

图 2-40　基于数码管的十进制计数器的测试波形

3. 简单数字钟的设计

数字钟可以显示小时和分钟（或者分钟和秒，由于开发板只有 4 个数码管的限制，所以只能显示 4 位），其中分钟和秒为六十进制计数器（小时为二十四进制计数器）。

首先进行模块的划分，该数字系统可以划分为分频部分、时分秒计数部分、数据选择部分和数码管选择部分等，数字钟系统框图如图 2-41 所示。

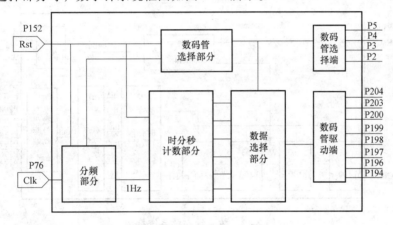

图 2-41　数字钟系统框图

（1）分频模块

开发板上的晶振所提供的是 50MHz 的脉冲信号，而数字钟计数部分的秒所用的脉冲信号频率为 1Hz，因此，此处要实现从 50MHz 到 1Hz 的分频，可以采用 3 个 100 分频器电路和 1 个 50 分频器电路级联得到。

（2）计数模块

计数部分要求能同时具有小时、分钟和秒的计数功能。因此，在电路设计的过程中应该先设计小时、分钟和秒的模块（可以直接利用前面的时、分、秒单元电路），再进行级联形成完整的计数模块。注意，分钟模块的变化需要由秒模块来触发，同样小时模块的变化也需要由分钟模块来触发。

（3）选择模块

这个模块还分为数据选择模块和数码管选择模块。

数据选择模块主要是对小时、分钟、秒数据信号的选择。小时、分钟、秒都是两位数字显示的，而每次选择只能有一位数字被选出，因此需要设计一个 6 选 1 的数据选择器。

数码管选择模块主要完成对开发板上的四个数码管依次选择点亮的工作。由于开发板的四个数码管共用数据线,因此在输出的时候要分别选择不同的数码管,但为了让肉眼能正常看到一直显示的数字,可以设定一个合适的选择信号变化频率(为了满足人的肉眼的分辨要求,频率应大于 24Hz),因此在设计时采用 5000Hz 的信号变化频率进行选择。同时还要注意数码管的选择和数据选择的同步性,即选择小时的高位输出时,必须同时选择数码管的最高位(最左侧的数码管),以保证每一位数字显示都是固定在同一个数码管上的,符合人们看时间的习惯。

(4)数码管驱动模块

这里使用的开发板只有 4 个数码管,而要同时显示小时、分钟和秒需要 6 个数码管,为此,我们用 4 个数码管显示小时与分钟,用两部分数码管之间的小数点来显示秒,该小数点点亮的频率就是 1Hz。因此在设计数码管驱动电路时,要充分考虑第三个数码管的小数点。对应的驱动电路则应该变为八段数码管译码电路(七段数码管加一个小数位)。

经过单元模块的设计和划分以后,可以得到完整的、由基本单元电路组成的数字钟完整系统框图,如图 2-42 所示。具体设计完的代码见下文。

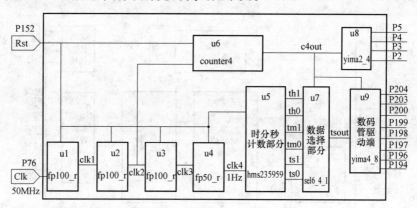

图 2-42 数字钟完整系统框图

1)八段数码管 4 线-8 线译码器电路功能源代码如下所示:

```
LIBRARY IEEE;
USE IEEE.STD_LOGIC_1164.ALL;
USE IEEE.STD_LOGIC_ARITH.ALL;
USE IEEE.STD_LOGIC_UNSIGNED.ALL;

ENTITY dec4_8 IS
  PORT(sin:IN STD_LOGIC_VECTOR(1 DOWNTO 0);
       yin:IN STD_LOGIC_VECTOR(3 DOWNTO 0);
       yout:OUT STD_LOGIC_VECTOR(7 DOWNTO 0));
END dec4_8;
```

```vhdl
ARCHITECTURE behavioral OF dec4_8 IS
BEGIN
    PROCESS(yin,sin)
      VARIABLE t_yout:STD_LOGIC_VECTOR(7 DOWNTO 0);
    BEGIN
        CASE yin IS
            when "0000" => t_yout: = "11111100";
            when "0001" => t_yout: = "01100000";
            when "0010" => t_yout: = "11011010";
            when "0011" => t_yout: = "11110010";
            when "0100" => t_yout: = "01100110";
            when "0101" => t_yout: = "10110110";
            when "0110" => t_yout: = "10111110";
            when "0111" => t_yout: = "11100000";
            when "1000" => t_yout: = "11111110";
            when "1001" => t_yout: = "11110110";
            when others => t_yout: = "00000000";
        END CASE;
        IF (sin = "10") THEN
            yout <= t_yout + 1;
        ELSE
            yout <= t_yout;
        END IF;
    END PROCESS;
END behavioral;
```

对应的测试源代码如下所示:

```vhdl
LIBRARY IEEE;
USE IEEE.STD_LOGIC_1164.ALL;
USE IEEE.STD_LOGIC_ARITH.ALL;
USE IEEE.STD_LOGIC_UNSIGNED.ALL;


ENTITY dec4_8_tb IS
END dec4_8_tb;
```

```
ARCHITECTURE behavioral OF dec4_8_tb IS
   COMPONENT dec4_8
    PORT(sin:IN STD_LOGIC_VECTOR(1 DOWNTO 0);
         yin:IN STD_LOGIC_VECTOR(3 DOWNTO 0);
         yout:OUT STD_LOGIC_VECTOR(7 DOWNTO 0));
   END COMPONENT;
   SIGNAL sin:STD_LOGIC_VECTOR(1 DOWNTO 0);
   SIGNAL yin:STD_LOGIC_VECTOR(3 DOWNTO 0);
   SIGNAL yout:STD_LOGIC_VECTOR(7 DOWNTO 0);
BEGIN
   u1:dec4_8 PORT MAP(sin,yin,yout);
   tb_sin:PROCESS
      BEGIN
         sin <= "00";
         FOR i IN 0 TO 3 LOOP
         wait for 20 ns; sin <= sin + '1';
         END LOOP;
         wait for 20 ns;
         wait;
      END PROCESS;
   tb_yin:PROCESS
      BEGIN
         yin <= "0000";
         FOR I IN 0 TO 9 LOOP
         wait for 20 ns; yin <= yin + '1';
         END LOOP;
         wait for 20 ns;
         wait;
      END PROCESS;
END;
```

  利用此测试源代码所得的八段数码管的测试波形如图 2-43 所示。

  2）数码管选择四进制计数器电路。数码管选择信号要从四个数码管中选择一个以使其点亮并显示数据，因此需要一个具有四选一功能的电路。现在设计一个四进制计数器，以实现所需要的四种状态。

  基本功能源代码如下所示：

第 2 章 VHDL 程序设计

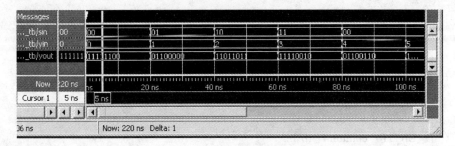

图 2-43　八段数码管的测试波形

```
LIBRARY IEEE;
USE IEEE.STD_LOGIC_1164.ALL;
USE IEEE.STD_LOGIC_ARITH.ALL;
USE IEEE.STD_LOGIC_UNSIGNED.ALL;

ENTITY counter4 IS
    PORT(clr:IN STD_LOGIC;
         clk:IN STD_LOGIC;
         cout:OUT STD_LOGIC_VECTOR(1 DOWNTO 0));
END counter4;

ARCHITECTURE behavioral OF counter 4 IS
BEGIN
    PROCESS(clr,clk)
        VARIABLE t_cout:STD_LOGIC_VECTOR(1 DOWNTO 0);
    BEGIN
        IF(clr = '0') THEN
            t_cout: = "00";
        ELSIF(clk'event and clk = '1') THEN
            IF(t_cout < "11") THEN
                t_cout: = t_cout + 1;
            ELSE
                t_cout: = "00";
            END IF;
        END IF;
        cout <= t_cout;
    END PROCESS;
END behavioral;
```

对应的测试源代码如下所示:

```vhdl
LIBRARY IEEE;
USE IEEE.STD_LOGIC_1164.ALL;
USE IEEE.STD_LOGIC_ARITH.ALL;
USE IEEE.STD_LOGIC_UNSIGNED.ALL;

ENTITY counter4_tb IS
END counter4_tb;

ARCHITECTURE behavioral OF counter4_tb IS
  COMPONENT counter4
    PORT(clr:IN STD_LOGIC;
         ck:IN STD_LOGIC;
         cout:OUT STD_LOGIC_VECTOR(1 DOWNTO 0));
  END COMPONENT;
  SIGNAL clr,clk:STD_LOGIC;
  SIGNAL cout:STD_LOGIC_VECTOR(1 DOWNTO 0);
BEGIN
  u1:counter4 PORT MAP(clr,clk,cout);
  tb_clr:PROCESS
    BEGIN
      clr <= '0';
      wait for 20 ns; clr <= '1';
      wait for 200 ns;
      wait;
    END PROCESS;
  tb_clk:PROCESS
    BEGIN
      clk <= '0';
      FOR i IN 0 TO 7 LOOP
        wait for 20 ns; clk <= not clk;
      END LOOP;
      wait for 20 ns;
      wait;
    END PROCESS;
END;
```

利用此测试源代码所得的四进制计数器的测试波形如图 2-44 所示。

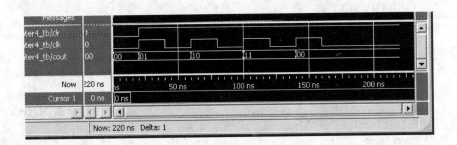

图 2-44 四进制计数器的测试波形

3）数码管选择 2 线-4 线译码电路功能源代码如下所示：

```
LIBRARY IEEE;
USE IEEE.STD_LOGIC_1164.ALL;
USE IEEE.STD_LOGIC_ARITH.ALL;
USE IEEE.STD_LOGIC_UNSIGNED.ALL;

ENTITY dec2_4 IS
    PORT(yin:IN STD_LOGIC_VECTOR(1 DOWNTO 0);
         yout:OUT STD_LOGIC_VECTOR(3 DOWNTO 0));
END dec2_4;

ARCHITECTURE behavioral OF dec2_4 IS
BEGIN
    PROCESS(yin)
    BEGIN
        CASE yin IS
            when "00" => yout <= "0001";
            when "01" => yout <= "0010";
            when "10" => yout <= "0100";
            when "11" => yout <= "1000";
            when others => yout <= "0000";
        END CASE;
    END PROCESS;
END behavioral;
```

对应的测试源代码如下所示：

```vhdl
LIBRARY IEEE;
USE IEEE.STD_LOGIC_1164.ALL;
USE IEEE.STD_LOGIC_ARITH.ALL;
USE IEEE.STD_LOGIC_UNSIGNED.ALL;

ENTITY dec2_4_tb IS
END dec2_4_tb;

ARCHITECTURE behavioral OF dec2_4_tb IS
  COMPONENT dec2_4
    PORT(yin:IN STD_LOGIC_VECTOR(1 DOWNTO 0);
         yout:OUT STD_LOGIC_VECTOR(3 DOWNTO 0));
  END COMPONENT;
  SIGNAL yin:STD_LOGIC_VECTOR(1 DOWNTO 0);
  SIGNAL yout:STD_LOGIC_VECTOR(3 DOWNTO 0);
BEGIN
  u1:dec2_4 PORT MAP(yin,yout);
  tb:PROCESS
    BEGIN
      yin <= "00";
      FOR i IN 0 TO 7 LOOP
        wait for 20 ns; yin <= yin + 1;
      END LOOP;
      wait for 20 ns;
      wait;
    END PROCESS;
END;
```

利用此测试源代码所得的 2 线-4 线译码器的测试波形如图 2-45 所示。

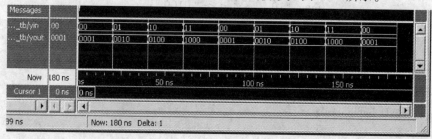

图 2-45　2 线-4 线译码器的测试波形

4) 六个输入中的四个选择一个的 4 选 1 选择器。由于开发板只有四个数码管，因此要从六个输入中的其中四个选择一个进行输出。本例选择分和秒部分输出，读者可以自行修改选择小时和分部分输出。

基本功能源代码如下所示：

```vhdl
LIBRARY IEEE;
USE IEEE.STD_LOGIC_1164.ALL;
USE IEEE.STD_LOGIC_ARITH.ALL;
USE IEEE.STD_LOGIC_UNSIGNED.ALL;

ENTITY sel6_4_1 IS
    PORT(sel:IN STD_LOGIC_VECTOR(1 DOWNTO 0);
         h1:IN STD_LOGIC_VECTOR(3 DOWNTO 0);
         h0:IN STD_LOGIC_VECTOR(3 DOWNTO 0);
         m1:IN STD_LOGIC_VECTOR(3 DOWNTO 0);
         m0:IN STD_LOGIC_VECTOR(3 DOWNTO 0);
         s1:IN STD_LOGIC_VECTOR(3 DOWNTO 0);
         s0:IN STD_LOGIC_VECTOR(3 DOWNTO 0);
         sout:OUT STD_LOGIC_VECTOR(3 DOWNTO 0));
END sel6_4_1;

ARCHITECTURE behavioral OF sel6_4_1 IS
BEGIN
    PROCESS(sel,m1,m0,s1,s0)
    BEGIN
        CASE sel IS
            when "00" => sout <= s0;
            when "01" => sout <= s1;
            when "10" => sout <= m0;
            when "11" => sout <= m1;
            when others => sout <= "0000";
        END CASE;
    END PROCESS;
END behavioral;
```

对应的测试源代码如下所示：

```vhdl
LIBRARY IEEE;
USE IEEE.STD_LOGIC_1164.ALL;
USE IEEE.STD_LOGIC_ARITH.ALL;
USE IEEE.STD_LOGIC_UNSIGNED.ALL;

ENTITY sel6_4_1_tb IS
END sel6_4_1_tb;

ARCHITECTURE behavior OF sel6_4_1_tb IS
   COMPONENT sel6_4_1
     PORT(sel:IN STD_LOGIC_VECTOR(1 DOWNTO 0);
          h1,h0,m1,m0,s1,s0: IN STD_LOGIC_VECTOR(3 DOWNTO 0);
          sout:OUT STD_LOGIC_VECTOR(3 DOWNTO 0));
   END COMPONENT;
   SIGNAL sel:STD_LOGIC_VECTOR(1 DOWNTO 0);
   SIGNAL h1, h0, m1, m0, s1, s0: STD_LOGIC_VECTOR (3 DOWNTO 0);
   SIGNAL sout:STD_LOGIC_VECTOR(3 DOWNTO 0);
BEGIN
    u1:sel6_4_1 PORT MAP
             (sel => sel,h1 => h1,h0 => h0,m1 => m1,
              m0 => m0,s1 => s1,s0 => s0,sout => sout);
    tb:PROCESS
      BEGIN
         h1 <= "0000";h0 <= "0000";
         m1 <= "0001"; m0 <= "0010";
         s1 <= "0100"; s0 <= "1000";
         wait for 120 ns; sel <= "00";
         wait for 120 ns; sel <= "01";
         wait for 120 ns; sel <= "10";
         wait for 120 ns; sel <= "11";
         wait for 120 ns; sel <= "00";
         wait for 120 ns;
         wait;
      END PROCESS;
END;
```

利用此测试源代码所得的 6 输入端 4 选 1 选择器测试波形如图 2-46 所示。

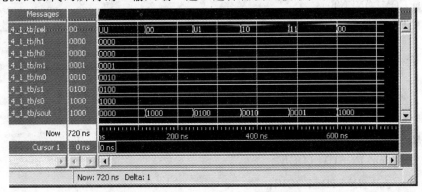

图 2-46　6 输入端 4 选 1 选择器测试波形

5）基于数码管的数字钟的顶层源代码。由于只有四个数码管，因此开发板上实现功能时要选择时分秒中的两个进行输出，此处选择分和秒进行输出。

其功能源代码如下所示：

```vhdl
LIBRARY IEEE;
USE IEEE.STD_LOGIC_1164.ALL;
USE IEEE.STD_LOGIC_ARITH.ALL;
USE IEEE.STD_LOGIC_UNSIGNED.ALL;

ENTITY clock_smg IS
    PORT(rst,clk_in:IN STD_LOGIC;
         smg_sel:OUT STD_LOGIC_VECTOR(3 DOWNTO 0);
         smg_out:OUT STD_LOGIC_VECTOR(7 DOWNTO 0));
END clock_smg;
ARCHITECTURE behavioral OF clock_smg IS
    COMPONENT fp100_r
      PORT(rst,clk_in:IN STD_LOGIC;
           clk_out:BUFFER STD_LOGIC);
    END COMPONENT;
    COMPONENT fp50_r
      PORT(rst,clk_in:IN STD_LOGIC;
           clk_out:BUFFER STD_LOGIC);
    END COMPONENT;
    COMPONENT hms235959
      PORT(clr,clk:IN STD_LOGIC;
           h1,h0,m1,m0,s1,s0:OUT STD_LOGIC_VECTOR(3 DOWNTO 0));
```

```vhdl
    END COMPONENT;
    COMPONENT sel6_4_1 PORT
        (sel:IN STD_LOGIC_VECTOR(1 DOWNTO 0);
        h1,h0,m1,m0,s1,s0:IN STD_LOGIC_VECTOR(3 DOWNTO 0);
        sout:OUT STD_LOGIC_VECTOR(3 DOWNTO 0));
    END COMPONENT;
    COMPONENT counter4
      PORT(clr:IN STD_LOGIC;
           clk:IN STD_LOGIC;
           cout:OUT STD_LOGIC_VECTOR(1 DOWNTO 0));
    END COMPONENT;
    COMPONENT yima2_4
      PORT(yin:IN STD_LOGIC_VECTOR(1 DOWNTO 0);
           yout:OUT STD_LOGIC_VECTOR(3 DOWNTO 0));
    END COMPONENT;
    COMPONENT yima4_8
      PORT(sin:IN STD_LOGIC_VECTOR(1 DOWNTO 0);
           yin:IN STD_LOGIC_VECTOR(3 DOWNTO 0);
           yout:OUT STD_LOGIC_VECTOR(7 DOWNTO 0));
    END COMPONENT;
SIGNAL clk1,clk2,clk3,clk4:STD_LOGIC;
SIGNAL th1,th0,tm1,tm0,ts1,ts0,tsout:STD_LOGIC_VECTOR(3 DOWNTO 0);
SIGNAL c4out:STD_LOGIC_VECTOR(1 DOWNTO 0);
BEGIN
    u1:fp100_r PORT MAP(rst,clk_in,clk1);
    u2:fp100_r PORT MAP(rst,clk1,clk2);
    u3:fp100_r PORT MAP(rst,clk2,clk3);
    u4:fp50_r PORT MAP(rst,clk3,clk4);
    u5:hms235959 PORT MAP(rst,clk4,th1,th0,tm1,tm0,ts1,ts0);
    u6:counter4 PORT MAP(rst,clk2,c4out);
    u7:sel6_4_1 PORT MAP(c4out,th1,th0,tm1,tm0,ts1,ts0,tsout);
    u8:yima2_4 PORT MAP(c4out,smg_sel);
    u9:yima4_8 PORT MAP(c4out,tsout,smg_out);
END behavioral;
```

对应的测试源代码如下所示:

```vhdl
LIBRARY IEEE;
USE IEEE.STD_LOGIC_1164.ALL;
USE IEEE.STD_LOGIC_ARITH.ALL;
USE IEEE.STD_LOGIC_UNSIGNED.ALL;

ENTITY clock_smg_tb IS
END clock_smg_tb;
ARCHITECTURE behavioral OF clock_smg_tb IS
  COMPONENT clock_smg
    PORT(rst,clk_in:IN STD_LOGIC;
         smg_sel:OUT STD_LOGIC_VECTOR(3 DOWNTO 0);
         smg_out:OUT STD_LOGIC_VECTOR(7 DOWNTO 0));
  END COMPONENT;
  SIGNAL rst,clk_in:STD_LOGIC;
  SIGNAL smg_sel:STD_LOGIC_VECTOR(3 DOWNTO 0);
  SIGNAL smg_out:STD_LOGIC_VECTOR(7 DOWNTO 0);
BEGIN
    u1:clock_smg PORT MAP (rst,clk_in,smg_sel,smg_out);
    tb_rst:PROCESS
        BEGIN
            rst <= '0';
            wait for 20 ns;rst <= '1';
            wait for 2048000000 ns;
            wait;
        END PROCESS;
    tb_clk_in:PROCESS
        BEGIN
            clk_in <= '0';
            FOR i IN 0 TO 2048000000 LOOP
                wait for 10 ns;clk_in <= not clk_in;
            END LOOP;
            wait for 20 ns;
            wait;
        END PROCESS;
END;
```

利用此测试源代码所得的基于数码管的数字钟的测试波形如图 2-47 所示。

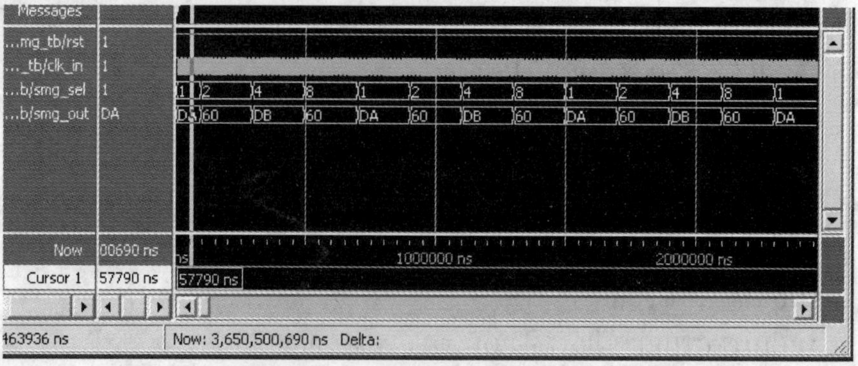

图 2-47 基于数码管的数字钟的测试波形

4. 简易邮票投币自动售票机

该自动售票机所售邮票的面值为 1.5 元,允许投入的硬币是 1 元和 0.5 元两种,分别用 X 和 Y 表示。当投入的硬币值为 1.5 元时,邮票输出;如果硬币值为 2 元,则找零 0.5 元。邮票输出控制信号用 P 表示,找零控制信号用 C 表示,所有的控制信号均是"1"有效。

分析自动售票机的功能可知,投入的币值累计的可能有 0.5 元、1 元、1.5 元和 2 元这几种情况。投币时每次只能投入一个硬币,所以 X 和 Y 不能同时为 1。每次投入新硬币时,电路根据当前累计的币值(当前状态)及新投入的币值决定是否输出邮票并找零,同时记住新的币值累计情况(次态)。当新的币值累计达到 1.5 元时,输出邮票(P = "1"),累计币值重新变为 0;如果累计币值超过 1.5 元,则同时输出找零信号(C = "1")。币值的累计值用不同的状态来表达,其中 A 代表当前累计币值为 0 元,B 代表当前累计币值为 0.5 元,C 代表当前累计币值为 1 元。根据上述分析可以写出对应的控制状态转换表,见表 2-2。

表 2-2 控制状态转换表

X Y	当前状态	次态	P C	当前状态	次态	P C	当前状态	次态	P C
0 0	A	A	0 0	B	B	0 0	C	C	0 0
0 1	A	B	0 0	B	C	0 0	C	A	1 0
1 0	A	C	0 0	B	A	1 0	C	A	1 1

在逻辑描述之前,先预定义状态类型 state_TYPE,并说明信号 state 的属性为该类型。基本功能源代码如下所示:

```
LIBRARY IEEE;
USE IEEE.STD_LOGIC_1164.ALL;
USE IEEE.STD_LOGIC_ARITH.ALL;
USE IEEE.STD_LOGIC_UNSIGNED.ALL;

ENTITY stamp_AutoSold IS
  PORT(clk_in:IN STD_LOGIC;
       X,Y:IN STD_LOGIC;
```

```vhdl
                    P,Ch:OUT STD_LOGIC);
END stamp_AutoSold;
ARCHITECTURE behavioral OF stamp_AutoSold IS
  TYPE STATE_TYPE IS (A,B,C);
  SIGNAL state:STATE_TYPE;
  SIGNAL XY: STD_LOGIC_VECTOR(1 DOWNTO 0);
BEGIN
    PROCESS(clk_in)
    BEGIN
        XY <= X&Y;
        IF(clk_in' event and clk_in = '1') THEN
            IF(state = A) THEN
                P <= '0';Ch <= '0';
                CASE XY IS
                when "00" => state <= A;
                when "01" => state <= B;
                when "10" => state <= C;
                when others => null;
                END CASE;
            ELSIF(state = B) THEN Ch <= '0';
                CASE XY IS
                when "00" => state <= B;P <= '0';
                when "01" => state <= C;P <= '0';
                when "10" => state <= A;P <= '1';
                when others => null;
                END CASE;
            ELSIF(state = C) THEN
                CASE XY IS
                when "00" => state <= C;P <= '0';Ch <= '0';
                when "01" => state <= A;P <= '1';Ch <= '0';
                when "10" => state <= A;P <= '1';Ch <= '1';
                when others => null;
                END CASE;
            END IF;
        END IF;
    END PROCESS;
END behavioral;
```

对应的测试源代码如下所示：

```vhdl
LIBRARY IEEE;
USE IEEE.STD_LOGIC_1164.ALL;
USE IEEE.STD_LOGIC_ARITH.ALL;
USE IEEE.STD_LOGIC_UNSIGNED.ALL;

ENTITY stamp_AutoSold_tb IS

END stamp_AutoSold_tb;
ARCHITECTURE behavioral OF stamp_AutoSold_tb IS
  COMPONENT stamp_AutoSold
    PORT(clk_in,X,Y:IN STD_LOGIC;
         P,Ch:OUT STD_LOGIC);
  END COMPONENT;
  SIGNAL clk_in,X,Y,P,Ch:STD_LOGIC;
BEGIN
    u1:stamp_AutoSold PORT MAP(clk_in,X,Y,P,Ch);
    tb_clk_in:PROCESS
            BEGIN
              clk_in <= '0';
            FOR i IN 0 TO 64 LOOP
              wait for 10 ns;clk_in <= not clk_in;
            END LOOP;
              wait for 20 ns;
              wait;
          END PROCESS;
    tb_XY:PROCESS
      BEGIN
            wait for 40 ns;X <= '0';Y <= '0';
            wait for 40 ns;X <= '0';Y <= '1';
            wait for 40 ns;X <= '1';Y <= '0';
            wait for 40 ns;X <= '0';Y <= '1';
            wait for 40 ns;X <= '0';Y <= '1';
            wait for 40 ns;X <= '0';Y <= '1';
            wait for 40 ns;X <= '1';Y <= '0';
            wait for 40 ns;X <= '0';Y <= '1';
```

> wait for 40 ns；X <= ' 1 '；Y <= ' 0 '；
> wait for 40 ns；X <= ' 1 '；Y <= ' 0 '；
> wait for 40 ns；X <= ' 0 '；Y <= ' 0 '；
> wait；
> END PROCESS；
> END；

利用此测试源代码所得的简易邮票自动售票机的测试波形如图 2-48 所示。

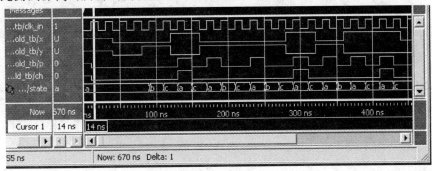

图 2-48　简易邮票自动售票机的测试波形

习　题

2.1　简述 VHDL 的优点。
2.2　简述 VHDL 各组成部分的基本格式。
2.3　简述 VHDL 的标识符书写规则。
2.4　简述几种常用的数值型表达方式。
2.5　写出二输入与门的功能源代码及测试源代码。
2.6　写出一位半加器的 RTL 描述。
2.7　写出八位全加器的功能源代码及测试源代码。
2.8　写出八位二进制数比较器的功能源代码。
2.9　写出六选一选择器的功能源代码。
2.10　写出主从 RS 触发器的功能源代码。
2.11　写出十六进制计数器的功能源代码。
2.12　写出 16 分频器的功能源代码。
2.13　写出 4×4 ROM 的功能源代码。
2.14　写出 4×8 RAM 的功能源代码。

第3章 原理图输入方式

Tanner 公司的设计软件中包括电路编辑软件 S-Edit,可以进行电路原理图的编辑。

3.1 S-Edit 基础

从桌面或开始菜单找到相关的启动项 S-Edit.exe,启动后的 S-Edit 主界面如图 3-1 所示。

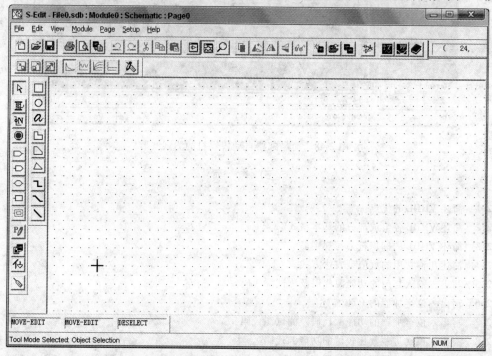

图 3-1 S-Edit 主界面

从图 3-1 可以看出,该软件的主界面主要包括标题栏、菜单栏、工具按钮栏(命令工具、电路工具、绘图工具、鼠标按钮工具、定位工具和探针工具等)。

1. 软件的基本设置

可以通过菜单对主界面的显示等进行基本的设置,以满足个人的习惯爱好等。选择菜单 Setup 可以进行颜色、环境、栅格、选择和探针进行设置。

(1)颜色设置

选择 Setup→Color 选项,弹出颜色设置对话框,如图 3-2 所示,在颜色窗口中可以设置背景颜色、前景颜色、选择颜色、栅格颜色和原点颜色。在颜色区域单击鼠标的左键,选择自己喜欢的颜色,单击 OK 按钮即可。

(2)环境设置

选择 Setup→Environment 选项,弹出环境设置对话框,如图 3-3 所示,在环境窗口中可以设置保存已修改的次数、端口文字的大小以及是否自动平移。按照自己的习惯设置好后单击 OK 按钮即可。

（3）栅格设置

选择 Setup→Grid 选项，打开栅格设置对话框，如图 3-4 所示，在栅格设置对话框中可以设置显示栅格的间距、栅格不显示时栅格之间的间距、鼠标移动的间距和定位单位的长度等。

（4）选择设置

选择 Setup→Selection 选项，打开选择设置对话框，如图 3-5 所示，在选择设置对话框中可以设置选择范围、去选范围、编辑范围和绘制对象后是否处于选中状态等。

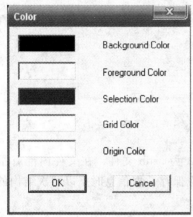

图 3-2　颜色的设置

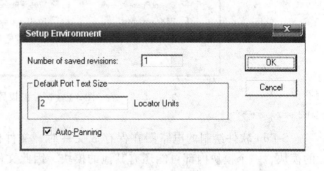

图 3-3　环境的设置

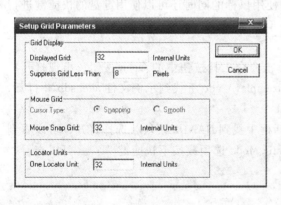

图 3-4　栅格的设置

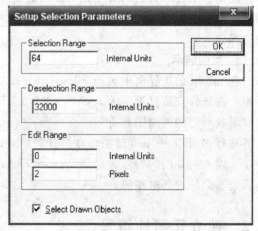

图 3-5　选择的设置

（5）探针设置

选择 Setup→Probing 选项，打开探针设置对话框，如图 3-6 所示，在探针设置对话框中可以设置波形图的显示方式、探针数据的存放位置和交流分析时探针的选项等。

2. 基本显示模式

S-Edit 软件主要有两种显示模式：符号模式和电路图模式。可以通过菜单 View→Symbol Mode、菜单 View→Schematic Mode 和菜单 View→Change Mode 项进行切换。两种模式切换的

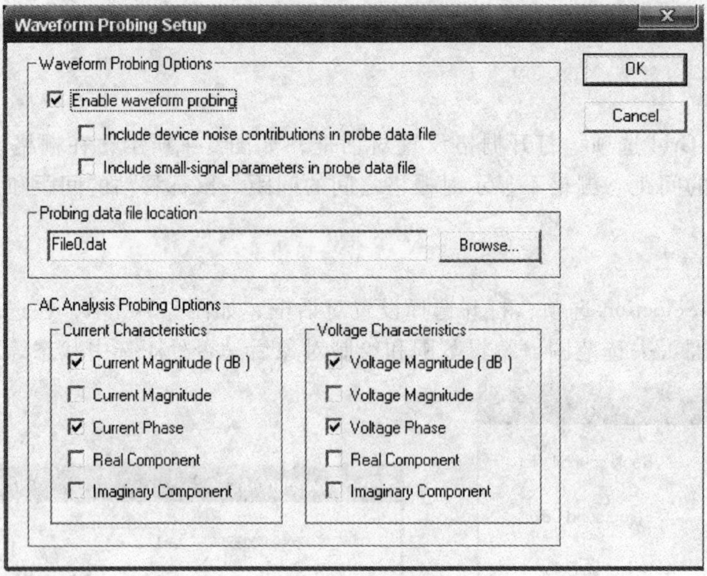

图 3-6 探针的设置

快捷键是"?"。

S-Edit 软件绘制的电路图在保存成文件时，文件格式为 .sdb 文件，在文件内部有很多的模块，一个模块内部可能还有其他的模块，因此文件在保存数据信息时是以层次结构的方式保存数据。

在使用 S-Edit 绘制电路图的过程中，可以使用鼠标和键盘，一般使用的鼠标为三键鼠标，左键、中键、右键的功能在主界面的鼠标按钮提示栏都会有提示，可以根据提示，分别用不同的按键进行选择、移动、编辑等操作。使用鼠标的同时还可以使用键盘的快捷键进行快速操作。

3. 实例演示

在 S-Edit 的主界面中选择 File→Open 或单击命令工具按钮中的 Open 按钮，出现打开对话框，在软件安装目录 \ tanner9 \ Sedit8.1 \ Examples \ adc 下找到示例文件 adc.sdb 并打开，可以看到对应的电路图和符号。

选择 Module→Open 选项，在打开模块对话框中找到 NAND2 模块，选择打开，可以看到一个二输入与非门的符号，选择 View→Schematic Mode 选项或按下快捷键"?"，可以查看二输入与非门的内部电路图。

3.2 建立元器件符号

集成电路的基本组成是各种各样的元器件，常用的有晶体管、电阻、电容等。本节主要介绍如何用 S-Edit 软件建立常用的元器件符号，并为元器件设置自定义的基本特性。

1. 建立 NMOS 管的符号

（1）新建文件

打开 S-Edit 程序，自动新建一个文件 File0.sdb，根据自己的工作内容以新文件名保存文件。

(2) 环境设置

根据自己的个人爱好设置相关的显示设置，通过菜单 Setup 来设置相关的参数。

(3) 编辑模块

S-Edit 是以模块为单位而不是以文件为单位保存信息的，每一个文件中可以有多个模块，而每一个模块即表示一种基本元器件或一个电路单元。每次打开软件时会自动新建一个模块 Module0，可根据自己设计的内容修改模块的名称，选择 Module→Rename 选项，输入自定义的名字即可。这里以建立 NMOS 管的符号为例，模块对应的名称设定为 NMOS。

(4) 绘制符号

首先选择 View→Symbol Mode 选项，利用 Annotation 工具栏，可以绘制符号或文字，绘图工具栏主要包括矩形、圆、文字、90°多边形、45°多边形、任意角多边形、90°直线、45°直线和任意角度直线。使用画线工具绘制出 NMOS 的符号，绘制的结果如图 3-7 所示。

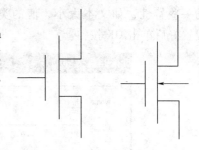

图 3-7 绘制的基本符号

(5) 加入元器件引脚

在符号模式下，S-Edit 提供了电路图工具按钮，可以用来设置引脚。可以设置引脚为输入引脚、输出引脚、双向引脚或其他引脚。本例以使用其他引脚为例，绘制 NMOS 管的引脚。首先用鼠标工具单击选择其他引脚工具按钮，再到工作区中用鼠标左键选择要连接的端点。会弹出编辑选择端口对话框，如图 3-8 所示。

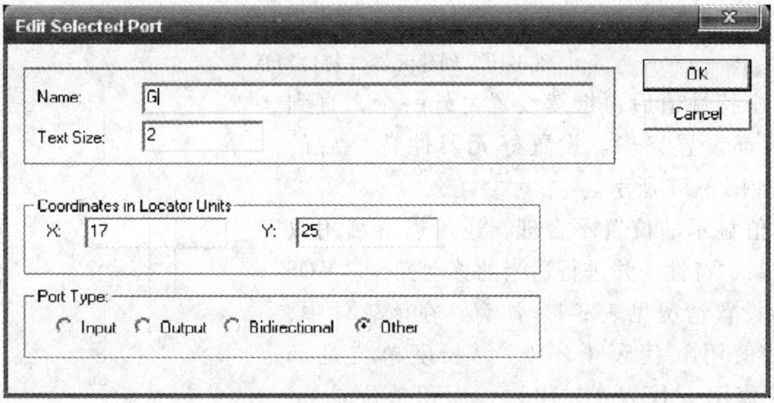

图 3-8 编辑选择端口

在弹出的编辑连接端口窗口中输入端口名称，并设置一些基本信息（端口文字大小、端口方向等），设置好后单击 OK 按钮即可。

用鼠标的选择键可以选择相应的端口，选中后显示为自己设定的颜色。然后可以利用鼠标键进行移动操作，以移动到所需的位置，或者利用菜单 Edit→Flip→Horizontal 和 Vertical 选项进行水平或垂直的翻转操作，也可以利用菜单 Edit→Edit Object 选项修改其具体的参数。根据上述操作再添加其他几个引脚，主要是源端、漏端、栅端和体端。编辑好端口的 NMOS 管如图 3-9 所示。

(6) 建立元器件特性

元器件符号建立后，需要再设置元器件的基本特性，包括 MOS 管的沟道长度（L）、沟道宽度（W）、源极周长（PS）、源极面积（AS）、漏极周长（PD）、漏极面积（AD）、元器件类型等。选择工具按钮中的元器件特性按钮，在符号绘图区的任意位置单击鼠标左键，弹出创建元器件特性对话框，如图 3-10 所示。

在 Name 文本框中输入性质名称，如 W，在 Value 文本框中输入特性的值，同时还可以修改特性值显示的一些特性，如文本大小、值的类型和显示方式等。设置好后单击 OK 按钮。

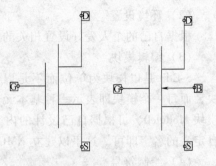

图 3-9　编辑好端口的 NMOS 管

图 3-10　创建元器件特性对话框

设置好一个特性值后再继续设置另外一个，直到所有的特性值都设置完毕。设置好元器件特性后的 NMOS 管符号如图 3-11 所示。

如果特性值显示的位置不合理，还可以继续用鼠标选择键选中某一特性，并进行适当的移动操作。MOS 管各个特性的设置情况见表 3-1。注意，在该软件中，涉及的长度数值用 u 代表 1×10^{-6}，长度单位是 m（米）；面积数值用 p 代表 1×10^{-12}，面积单位是 m^2（平方米）。

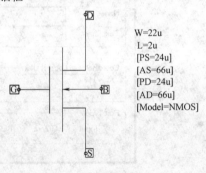

图 3-11　设置好元器件特性后的 NMOS 管符号

（7）设置输出特性

S-Edit 可以输出多种格式，其输出性质主要包括 SPICE OUTPUT、SPICE PARAMETER、TPR OUTPUT、EDIT PRIMITIVE、VHDL PRIMITIVE 和 NETTRAN OUTPUT。

我们设置 SPICE OUTPUT 输出，同样选择电路图编辑工具按钮中的特性编辑按钮，弹出创建输出特性对话框，如图 3-12 所示，在窗口的任意位置单击鼠标左键，在弹出的对话框中输入相关的参数。在 Name 中输入 SPICE OUTPUT，在 Value 文本框中输入"M# % {D} % {G} % {S} % {B} $ {model} L = $ {L} W = $ {W} AD = $ {AD} PD = $ {PD} AS = $ {AS} PS = $ {PS}"。在 Value Type 下拉列表框中选择文本，在 Show 下拉列表框中选择 None 选项。

第3章 原理图输入方式

表 3-1 MOS 管各个特性的设置情况

名称	意义	默认值	分隔符	显示与否
L	沟道长度	2u	=	显示名称与值
W	沟道宽度	22u	=	显示名称与值
AS	源极面积	66p	=	不显示
PS	源极周长	24u	=	不显示
AD	漏极面积	66p	=	不显示
PD	漏极周长	24u	=	不显示
Model	MOS 的类型	PMOS	=	不显示
		NMOS		

输入项的含义如下：M 后面跟一个整数（随引用模块的增加而增加），%｛电极｝显示被引用模块电极连接的节点名称，$｛model｝显示被引用模块的 model 特性值，另外六个分别显示对应的特性值。

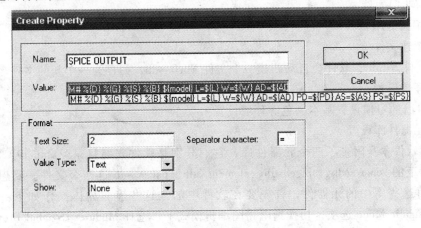

图 3-12 创建输出特性

（8）完成符号的编辑

设置好所有特性的 NMOS 管符号如图 3-13 所示，最后把模块名称改成自定义的名称保存。

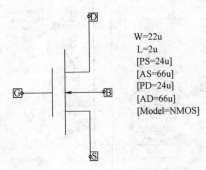

[SPICE OUTPUT=M# %{D} %{G} %{S} %{B} ${model} L=${L} W=${W} AD=${AD} PD=${PD} AS=${AS} PS=${PS}]

图 3-13 设置好所有特性的 NMOS 管符号

2. 全域符号 Vdd 的编辑

电源和地是集成电路芯片设计中常用的两个全域符号。

首先新增一个模块，保存为 Vdd。选择 Module→New 选项，输入模块的名称，单击 OK 按钮；切换到符号模式，选择 View→Symbol Mode 选项，用绘图工具栏绘制 Vdd 的符号，可以选择比较常用的符号图；加入全域端口，利用电路图工具栏设置引脚，单击电路图工具栏中的全局端口按钮 ，在绘图区相对应的位置单击鼠标左键，在弹出的编辑选择端口对话框中输入名称 Vdd，单击 OK 按钮。结果如图 3-14 所示。

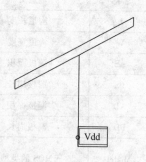

图 3-14　电源的符号

3.3　设计简单逻辑电路

本节主要介绍用 S-Edit 设计、绘制简单逻辑电路的方法，以反相器和与非门为例。

1. 反相器的编辑

（1）新建文件

启动软件 S-Edit，软件会自动新建一个文件 File0.sdb，另存为一个新的文件名。

（2）环境设置

根据自己的习惯设置基本颜色等环境设置。

（3）元器件库设置

S-Edit 软件本身附带了四个元器件库，它们分别是软件安装目录 \ tanner9 \ Sedit8.1 \ library 目录下的 scmos.sdb、spice.sdb、element.sdb、pages.sdb 这四个文件。要想在绘图的过程中利用这些库中的元器件，首先要在软件中加入这些库。具体操作如下：选择菜单 View→Schematic Mode 选项，切换到电路图编辑模式下。选择 Module→Symbol Browser 选项，打开添加元器件库的对话框，如图 3-15 所示，单击 Add Library 按钮，可加入要使用的元器件库。

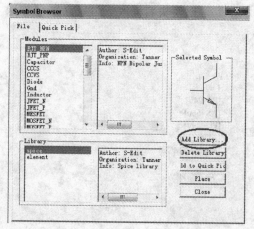 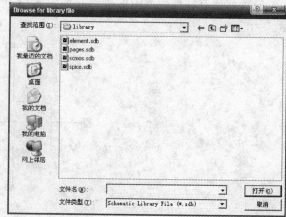

图 3-15　添加元器件库

(4) 引用元器件

反相器中要用到 NMOS 管、PMOS 管、Vdd 和 GND 这四个模块。选择 Module→Symbol Browser 选项，打开 Symbol Browser 对话框，在 Library 列表框中选择 spice 元器件库，库中的元器件会出现在 Modules 列表框中，选中其中需要的元器件，单击右侧的 Place 按钮把元器件放置到绘图区，依次选择其他所需要的元器件，通过单击 Place 按钮把元器件放置到绘图区，最后单击 Close 按钮。注意，添加完后所有的元器件会重叠在一起，这时可以使用鼠标中键（也叫鼠标 MOVE 键）把元器件分开，结果如图 3-16 所示。

(5) 编辑反相器

使用鼠标的 MOVE 键把元器件移动到适当的位置。注意，每个元器件的端口位置都有一个圆圈，分别表示对应的节点，在两个对象相连接处，各节点的小圆圈消失即代表连接成功。将四个对象按预定的位置排好后，就可以进行连接操作。单击电路图工具按钮中的 Wire 按钮，在节点处单击鼠标的左键开始画连接线，然后单击鼠标的右键完成连接线。连接正常则节点处小圆圈消失，如果有三个以上的节点进行连接，则连接处会出现一个实心圆圈。

(6) 编辑端口

利用电路图按钮中的工具为电路加入输入和输出端口。编辑好的反相器的示意图如图 3-17 所示。

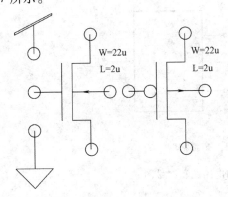

图 3-16 从库中添加的元器件

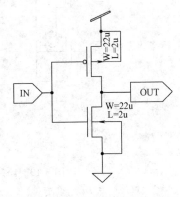

图 3-17 编辑好的反相器的示意图

(7) 绘制反相器符号

设计好电路图后，切换到符号设计模式。利用绘图工具按钮绘制反相器的符号，然后给符号加上输入输出端口，结果如图 3-18 所示。

(8) 输出设计结果

S-Edit 可以将设计的电路图以不同的形式输出。选择 File→Export 选项（或按快捷键 "E"），在弹出的 Export Netlist 对话框中，可以设置输出的相关设置。在输出数据类型下拉列表框中可以选择七种中的一种：SPICE File、TPR File、NetTran Macro File、EDIF Netlist、EDIF Schematic、VHDL File 和 Verilog File。不同的输出结果可以用于不同的操作，如 SPICE 文件可以进行 Spice 仿真。

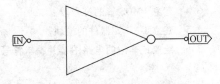

图 3-18 反相器的符号示意图

2. 与非门的编辑

与非门需要两个 NMOS 管、两个 PMOS 管、一个电源 Vdd 和一个地 GND。

新建一个模块，保存为用户自定义的名字。所需的元器件可以像反相器一样从库中调用，也可以通过例化的方式调用。选择 Module→Instance 选项，打开例化元器件窗口，在 Instance Module 对话框中，在 File 下拉列表框中选择已有的文件（刚才的反相器），在 Select Module to Instance 列表框中选择所需的 NMOS 管和 PMOS 管以及其他的元器件。

然后根据需要旋转元器件后进行排列。选择 Edit→Rotate 选项，把元器件放置到合适的位置和方向。

将排列好的元器件用 Wire 按钮进行连接，完成最终的电路。绘制好的与非门的电路图如图 3-19a 所示。

最后在输入和输出位置添加相应的端口，切换到符号模式，绘制与非门的逻辑符号。绘制好的与非门的符号图如图 3-19b 所示。

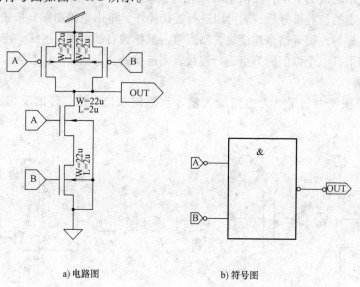

a) 电路图　　　　　　　b) 符号图

图 3-19　绘制好的与非门的电路图和符号图

习　题

3.1　简述 S-Edit 主界面的组成。
3.2　简述 S-Edit 的两种模式。
3.3　简述 S-Edit 保存文件的类型及保存数据的格式。
3.4　建立 PMOS 管的符号。
3.5　建立 GND 元器件的模块。
3.6　绘制或非门的电路图，并编辑符号。

第 4 章 SPICE 仿真

4.1 T-Spice 基础

要想对设计好的电路进行仿真，必须使用相关的仿真软件，目前常用的是 SPICE 系列。

1. SPICE 基础

SPICE 是 Simulation Program with IC Emphasis 的缩写，比较著名的有 Hspice、Pspice、Smartspice、T-Spice 等。SPICE 系列软件可以进行的仿真主要包括：

- 直流分析（DC Analysis）
- 交流小信号分析（AC Small-Signal Analysis）
- 瞬时分析（Transient Analysis）
- 传递（转移）函数（Transfer Function）
- 网络分析（Network Analysis）
- 傅里叶分析（Fourier Analysis）
- 正反向快速傅里叶变换（Forward and Reverse FFT）
- 灵敏度分析（Sensitivity Analysis）
- 噪声分析（Noise Analysis）
- 失真分析（Distortion Analysis）
- 最坏情况分析（Monte Carlo/Worst-Case Analysis）
- 零极点（Pole-Zero Analysis）

2. SPICE 语法概述

要想用 SPICE 系列软件进行电路仿真，首先必须要有 SPICE 描述文件，这也是电路设计输入方式的一种。

SPICE 网表描述文件定义了电路的拓扑，主要包括器件库和模型、节点、元器件和子电路等。库和模型主要用来说明所使用的元器件的基本特性，每种软件都有自己的写法。常用的写法如下：

```
.LIB filename entryname
.MODEL mname <AKO: refmname> mtype (…)
```

常用元器件的写法如下：

（1）电阻

电阻以字母 R 开头，R 后面书写电阻的标识符。其后是两个节点名称，然后是电阻的具体阻值，其他还有一些可选参数。书写格式如下所示：

```
Rxxx n1 n2 <mname> <res> <M = val>
+ <L = val> <W = val> <C = val> …
```

例：R1 2 10 10k

（2）电容

电容以字母 C 开头，C 后面书写电容的标识符。其后是两个节点名称，然后是电容的具体值，其他还有一些可选参数。书写格式如下所示：

```
Cxxx n1 n2 < mname > < IC = val > < L = val >
+ < W = val > …
```

例：C2 3 7 30p

（3）电感

电感以字母 L 开头，L 后面书写电感的标识符。其后是两个节点名称，然后是电感的具体值，其他还有一些可选参数。书写格式如下所示：

```
Lxxx n1 n2  < val >  < IC = val >  < M = val >  < TEMP
= val >
```

例：L1 5 2 100μ

（4）MOS 器件的描述

MOS 器件以字母 M 开头，M 后面书写 MOS 器件的标识符。其后是四个节点名称，书写顺序是漏端、栅端、源端和体端，然后是 MOS 器件的具体参数，其他还有一些可选参数。书写格式如下所示：

```
Mxxx nd ng ns < nb > mname < < L = val > | < lval > > < < W = val > | < wval > >
+ < AD = val > < AS = val > < PD = val > < PS = val > < NRD = val > < NRS = val >
+ < OFF > < IC = vds, vgs, vbs > < TEMP = val > < M = val > < GEO = val >
```

例：M1 2 4 8 0 nmos l = 0.4u w = 1u

（5）电压源

电压源以字母 V 开头，V 后面书写电压源的标识符。其后是两个节点名称，然后是电压源的具体参数，其他还有一些可选参数。书写格式如下所示：

```
Vxxx n + n − << DC > < dcval > < REP = repval > < transrc  AC >
+ < acmag < acphase >>>
```

例：V1 4 5 3.3V

通过查阅相关的资料可知，现在很多的 SPICE 软件已经可以通过命令的方式完成基本的网表描述文件，不需要自己去书写。

3. T-Spice 简介

Tanner 公司的软件套件中用于仿真的是 T-Spice 软件。

找到相应的快捷方式启动 T-Spice 软件，启动后的 T-Spice 程序的主界面如图 4-1 所示。

和普通的 Windows 窗口一样，该软件也包括标题栏、菜单栏、工具按钮栏、网表描述区和仿真管理栏。

使用 T-Spice 软件之前，可以对基本环境进行设置，选择菜单 Setup→Application 选项，

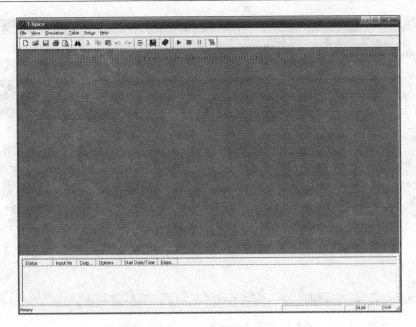

图 4-1 T-Spice 程序的主界面

打开 Setup Application 对话框，可以设置 DLL 文件和波形观察器，还可以设置一些其他信息，一般情况下使用默认设置即可。

在菜单中比较常用的是 Edit→Insert Command 选项（快捷键是"Ctrl + M"组合键）和 Simulation→Run Simulation 选项（快捷键是"F5"）。

下面通过一个实际的例子来简单了解 T-Spice 的使用。

选择 File→Open 选项或单击工具按钮栏中的 Open 按钮，弹出打开文件对话框，找到软件安装目录 \ TannerPro9 \ TSpice7.0 \ tutorial \ input，选择其中的某一个文件（此处以 invert_ tran.cir 为例），单击打开。

打开 invert_ tran.cir 文件后的界面如图 4-2 所示，其中的文字说明即是反相器的网表。网表中主要有包含语句 include、n 管、p 管、c2、Vdd、vin、tran 和 print 语句。以后再详细讲解该文件所对应的电路图。

选择 Simulation→Run Simulation 选项执行仿真。在弹出的 Run Simulation 对话框中设置相关信息后单击 Start Simulation 按钮，仿真过程显示在 Simulation Status 窗口中，波形在 W-Edit 窗口中显示。

4. T-Spice 语法

（1）注释

注释符号主要有以下几个：

* ：放在一行的最前面，代表整行为注释；

$ ：放在一行的中间，代表之后的为注释；

; ：放在一行的中间，代表之后的为注释；

/* */ ：被包住的多行文字为注释。

（2）T-Spice 中的元器件

主要元器件包括：M 代表 MOS 管，Q 代表 BJT 管，R 代表电阻，C 代表电容，V 代表

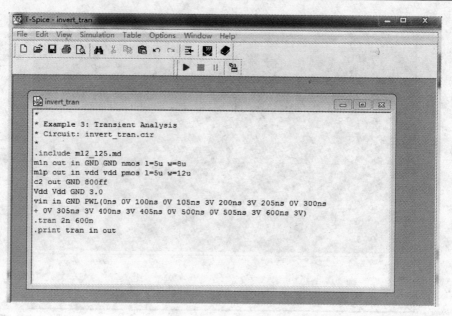

图 4-2 打开 invert_tran.cir 文件后的界面

电压源，其他一些元器件的表示方法可以查阅相关资料。

4.2 瞬时分析

电路设计好以后，就要去验证设计的电路在功能上是否正确，在 Tanner 系统中，进行仿真的软件是 T-Spice，利用 T-Spice 软件可以对电路进行直流分析、瞬时分析等，本节主要是利用 T-Spice 软件对已经绘制的反相器进行瞬时分析。

1. 反相器的绘制

可以参考以前的内容，自己绘制基本反相器的电路图和符号。也可以直接把以前画好的复制过来，利用 Module→Copy 选项将模块从已有文件中复制过来。

2. 加电源和信号

切换到电路图工作模式，选择 Module→Symbol Browers 选项，打开 Symbol Browers 对话框，在 Library 列表框中选择 Spice 元器件库，从出现在 Module 列表框中的模块中选择直流电压源 Source_v_dc，单击 Place 按钮把直流电源添加到电路图中。

直流电源符号有正端和负端，在反相器的模块编辑窗口中，将直流电源的正端和 Vdd 连接，将直流电源的负端和 GND 连接，加上工作电压源的反相器电路图如图 4-3 所示。图 4-3a 是直接用导线（Wire）把直流电源连接到 Vdd 端和 GND 端；图 4-3b 是又加了一组电源 Vdd 和地 GND 模块分别连接到直流电源的两端，比较常用的是图 4-3b 所示的方式，可以减少交叉。

完成电源添加后接着要添加的输入端信号源。选择 Module→Symbol Browers 选项，打开 Symbol Browers 对话框，在 Library 列表框中选择 Spice 元器件库，从出现在 Module 列表框的模块中选择 Source_v_pulse 模块，单击 Place 按钮，把信号源放置到电路中，脉冲信号源的正端连接在反相器的输入端，负端连接在 GND 端，添加信号源的反相器电路图如图 4-4 所

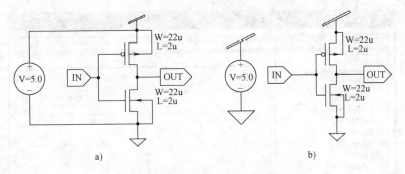

图 4-3 加上工作电压源的反相器电路图

示。

3. 保存结果

本例是通过反相器电路介绍如何使用 T-Spice 的瞬时仿真功能，以后还要用这个电路进行其他的仿真，因此将加了电源和信号源的模块另存为一个新模块，或更改新模块的名称，例如 inv_tran。

4. 输出文件

电路设计好以后，如果要利用 T-Spice 软件对其进行分析并模拟该电路的特性，需要先将电路图转换为 SPICE 格式。

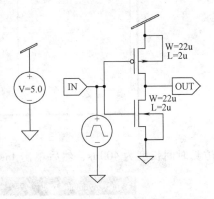

图 4-4 添加信号源的反相器电路图

可以在 S-Edit 的电路模式界面中，直接单击命令工具按钮中的 T-Spice 按钮，软件会自动将电路输出成 SPICE 格式并打开 T-Spice 软件进行仿真操作；也可以选择 File→Export 输出文件，把电路图转换为 SPICE 格式，然后手动打开 T-Spice 软件进行仿真操作。一般情况下建议使用第一种方式。

5. 加载包含文件

单击 S-Edit 窗口命令工具按钮中的 T-Spice 按钮后会自动打开 T-Spice 软件。

在模拟之前，必须要先引入 MOS 器件的模型文件，即这个 MOS 器件的基本特性，一般包括电容、电阻的系数等。这个模型文件一般由工艺厂家直接提供。针对 T-Spice 软件的模型文件一般是 *.md 文件，Tanner 软件本身带有一些实例，存放在软件安装目录 \ Tanner-Pro9 \ TSpice7.0 \ models 下。

在 T-Spice 窗口中，把网表描述中的光标定位到主要电路描述之前的位置，选择 Edit→Insert Command 选项，打开 T-Spice Command Tool 窗口，选中左侧的 Files 选项，单击右侧的 Include 按钮，弹出添加包含文件的对话框，如图 4-5 所示。在 Include file 文本框中输入模型文件，或通过 Browers 按钮找到对应的模型文件（此处以 ml2_125.md 为例），单击 Insert Command 按钮添加命令，然后单击 Close 按钮关闭窗口。

6. 分析设定

要想进行反相器的瞬时分析，还必须要添加相应的分析指令。

将光标定位到网表描述文件的尾部，选择 Edit→Insert Command 选项，打开 T-Spice Command Tool 窗口，选中左侧的 Analysis 选项，单击右侧的 Transient 按钮，在弹出的瞬时仿真设定窗口中选择模式并设定仿真的时间等，如图 4-6 所示。此处设定最大时间步长为 1ns,

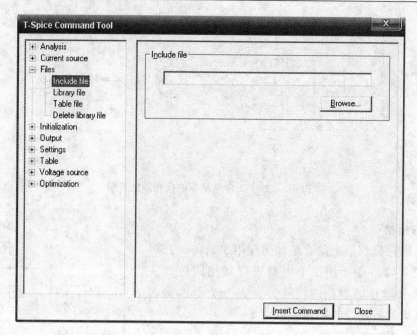

图 4-5　添加包含文件

仿真时间长度为 400ns，然后单击 Insert Command 按钮，并单击 Close 按钮。

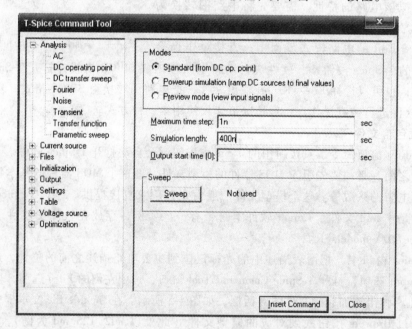

图 4-6　瞬时仿真设定

7. 输出设定

观察瞬时分析结果，要设定观察瞬时分析结果为哪些节点的电压或电流。

将光标移动到网表描述文件的尾部，选择 Edit→Insert Command 选项，选中左侧的 Output 选项，单击右侧的 Transient results 按钮，弹出输出信息设定窗口，如图 4-7 所示。在 Plot type 下拉列表框中选择电压或电流，此处选择电压"Voltage"。在 Node name 文本框中输入要查看的节点的名称，此处的名称必须与元器件所接的节点的名称一致，注意此处是区分大小写的。写好节点名称后单击 Add 按钮，继续添加下一个节点，此处添加 IN 节点和 OUT 节点。添加完所有的节点后单击 Insert Command 按钮。

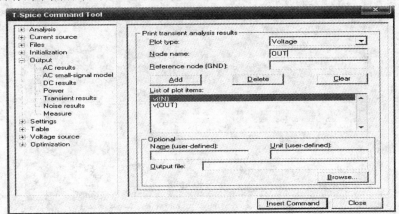

图 4-7　输出信息设定窗口

全部设定好后的网表文件如图 4-8 所示。

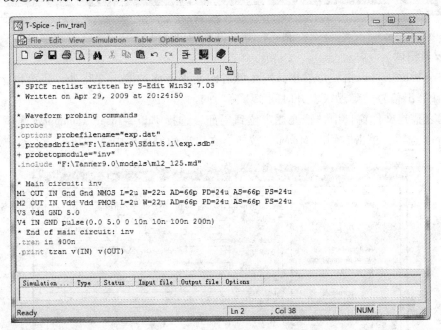

图 4-8　全部设定好后的网表文件

8. 仿真

保存刚才设定好的网表文件 inv_tran.sp，选择 Simulation→Run Simulation 选项，执行仿真操作。仿真结果报告会出现在 Simulation Status 窗口中，波形图会出现在 W-Edit 窗口中。

结果报告可以用 T-Spice 打开进行查看，一般是扩展名为 .out 的文件。

在 W-Edit 窗口中可以查看具体的瞬时仿真的结果波形，如图 4-9 所示。我们还可以用 Expand 按钮把重叠在一起的波形分开，这样图形更清晰，方便验证。

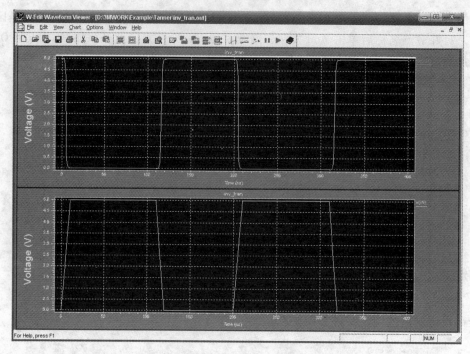

图 4-9　瞬时仿真的结果波形

9. 波形测试

瞬时分析除了可以由波形看出其输入随时间变化造成的输出变化外，还可以运用 Measure 指令计算出信号的延迟或上升时间、下降时间。

在网表描述文件窗口中，把光标定位到尾部，选择 Edit→Insert Command 选项，选择左侧的 Output 选项，单击右侧的 Measure 按钮，在出现的对话框中进行基本设置。测量下降时

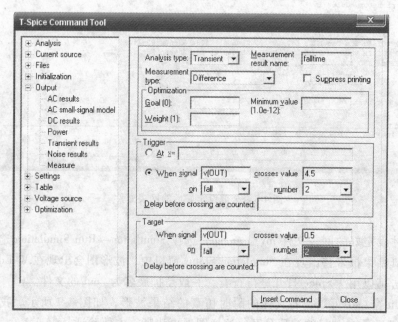

图 4-10　测量下降时间的设定窗口

间的设定窗口如图 4-10 所示。在 Analysis type 下拉列表框给出的分析类型中选择 Transient，在 Measurement result name 文本框中输入分析的项目名称为"falltime"，在 Measurement type 下拉列表框中选择计算的方式为 Difference，在 Trigger 选项组中选择 When signal 单选按钮。设定当信号 v（OUT）的第二个下降波形从 4.5V 时开始计算，即在 When signal 单选按钮后的文本框中输入"v（OUT）"，在 on 下拉列表框中选择 fall，在 crosses value 文本框中输入"4.5"，在 number 下拉列表框中选择 2 选项。在 Target 选项组中设定信号 v（OUT）的第二个下降波形的 0.5V 为下降时间计算的截止处，即在 When signal 单选按钮后面的文本框中输入"v（OUT）"，在 on 下拉列表中选择 fall 选项，在 crosses value 文本框中输入"0.5"，在 number 下拉列表框中选择 2 选项，设置好后单击 Insert Command 按钮。

继续进行仿真，查看结果。在 Simulation Status 窗口中或者打开 inv_tran.out 文件都可以看到计算的结果。测量下降时间的仿真结果输出如图 4-11 所示，这里算出的下降时间为 1.6538e-009s。

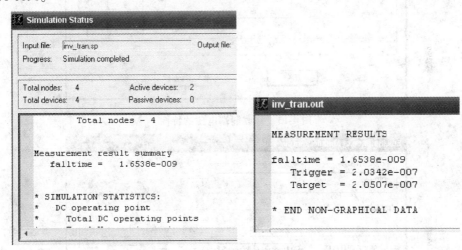

图 4-11　测量下降时间的仿真结果输出

4.3　直流分析

4.3.1　MOS 管直流分析

直流分析可以分析电路的直流工作状态。本节以单个 MOS 管为例，来进行直流分析的基本操作演练。

1. NMOS 管直流特性

新建一个模块，添加一个 NMOS 管、两个直流电源、一个输入端口、一个 Vdd 和一个 GND。绘制好的 NMOS 管直流分析的电路图如图 4-12 所示，其中两个直流电源分别接在漏端和栅端，为了便于区别这两个直流电源，需要修改它们的 Instance Name 和 SPICE OUTPUT 格式。修改漏端电压的特性如图 4-13 所示，In-

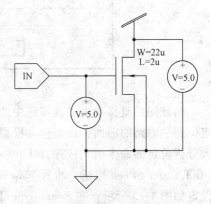

图 4-12　NMOS 管直流分析的电路图

stance Name 改为"vds",输出格式中的"v#"更改为"${instance}"。修改栅极输入信号源的特性如图 4-14 所示,Instance Name 改为"vg",输出格式中的"v#"也更改为"${instance}"。

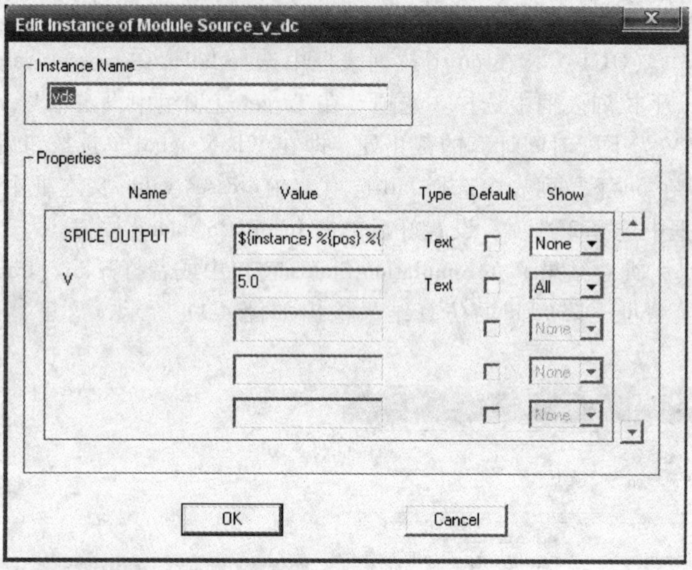

图 4-13 修改漏端电压的特性

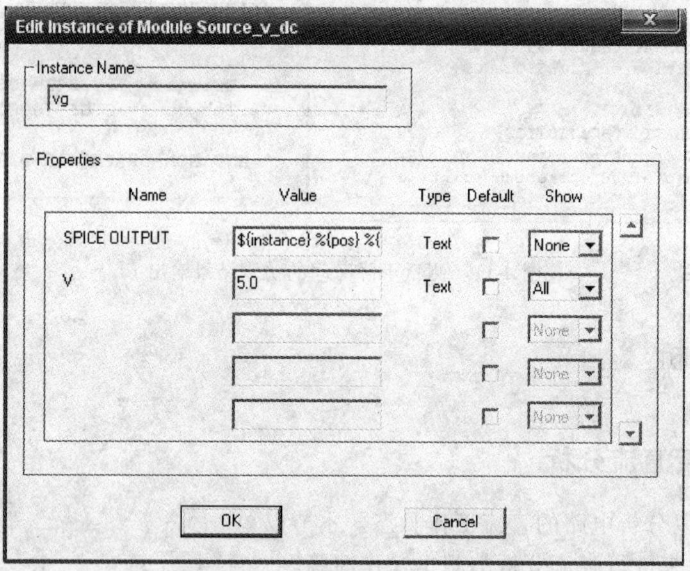

图 4-14 修改栅极输入信号源的特性

画好图后直接单击工具按钮中的 T-Spice 按钮,打开 T-Spice 软件窗口,把网表描述光标定位到主电路的前面,加入包含模型文件的语句,然后把光标定位到主电路的最后,开始加入分析设定的命令语句。选择 Edit→Insert Command 选项,选中 Analysis 选项,单击右侧的 DC Transfer Sweep 按钮,然后单击 Sweep1 按钮,在 Sweep 窗口中进行直流分析的信号变化设定如图 4-15 所示,在 Sweep type 下拉列表框中选择 Linear,在 Parameter type 下拉列表框中选择 Source,在 Source name 文本框中输入刚才修改的例化体名称 vds,然后分别设定开始

(Start)、结束(Stop)和间隔(Increment)的具体数据，此处以 0 开始，5V 结束，间隔为 0.2V，设定好后单击 Accept 按钮。接着继续单击 Sweep2 按钮，开始设定 vg 的变化情况，设定方法同上，唯一不同之处是在 Source name 文本框中输入的例化体名称是 vg，间隔设为 0.5V，设定好后单击 Accept 按钮，出现直流分析的信号变化设定结果如图 4-16 所示，最后单击 Insert Command 按钮。

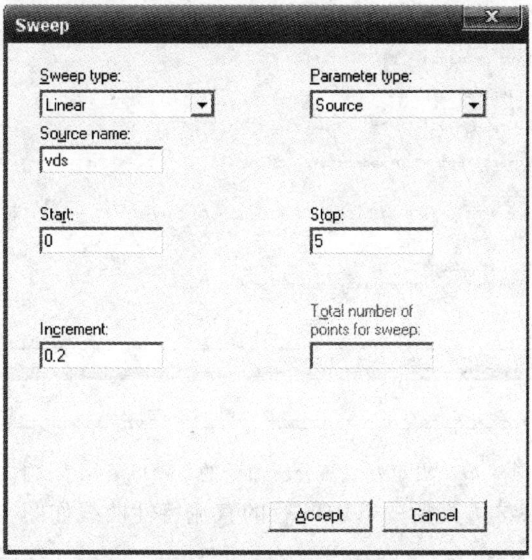

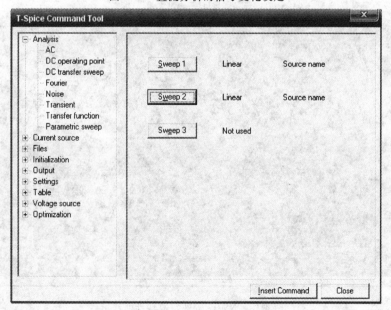

图 4-15 直流分析的信号变化设定

图 4-16 直流分析的信号变化设定结果

作直流分析时，需要查看漏端的电流，因此在输出设定命令窗口中，首先应单击 DC Results，然后在 Plot type 中要选择 Current (by terminal#) 电流项进行输出，在 Device name 中输入 MOS 管在电路网表描述中的名称，此处为 M1，在 Terminal number 下拉列表框中选择

Drain 漏端，单击 Add 添加按钮，最后单击 Insert Command 按钮，所有直流分析的仿真命令到此添加完毕。设定好直流分析命令的 NMOS 管网表文件如图 4-17 所示。

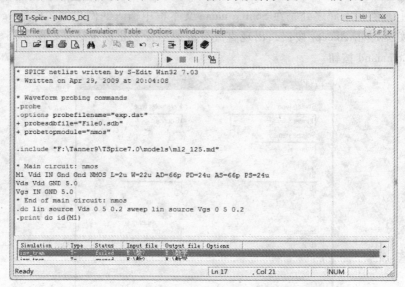

图 4-17 设定好直流分析命令的 NMOS 管网表文件

开始仿真，查看结果，仿真后的 NMOS 管的直流特性曲线如图 4-18 所示。

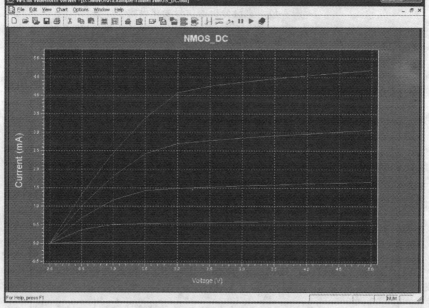

图 4-18 NMOS 管的直流特性曲线

2. PMOS 管的直流特性分析

新建一个模块，添加一个 PMOS 管、三个直流电源、一个输入端口、一个 Vdd 和一个 GND。完成的 PMOS 管的直流特性分析电路图如图 4-19 所示，其中三个直流电源分别接在栅端、漏端和源端。为了便于区别不同的直流电源，在此我们也要更改这三个直流电源的

Instance Name 和 SPICE OUTPUT 格式，Instance Name 分别为 vg、vds 和 vdd，输出格式的"v#"统一更改为"$ {instance}"。

画好图后直接单击工具按钮中的 T-Spice 按钮，打开 T-Spice 软件窗口，把网表描述光标定位到主电路的前面，加入包含模型文件的语句，然后把光标定位到主电路的最后，加入分析的设定。选择 Edit→Insert Command 选项，选中 Analysis 选项，单击右侧的 DC Transfer Sweep 按钮，在弹出的新窗口中单击 Sweep1 按钮，在 Sweep 窗口中的 Sweep type 中选择 Linear，在 Parameter type 中选择 Source，在 Source Name 文本框中输入刚才修改的例化体名称 vds，然后分别设定开始、结束和间隔的具体数据，此处以 0 开始，5V 结束，间隔为 0.2V，设定好后单击 Accept 按钮。继续单击 Sweep2 按

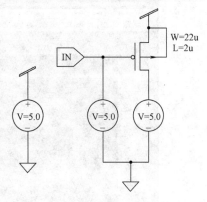

图 4-19 PMOS 管的直流特性分析电路图

钮，设定 vg 的变化情况，此处以 0 开始，5 结束，间隔为 0.5V。设定好后单击 Insert Command 按钮。

继续设定输出特性，查看漏端的电流。在输出设定命令窗口中，单击 DC Results，在 Plot type 中选择 Current（by terminal#），在 Device name 中输入 MOS 管的名称，此处为 M1，在 Terminal number 下拉列表框中选择 Drain，单击 Add 添加按钮，最后单击 Insert Command 按钮。设定好直流分析命令的 PMOS 管网表文件如图 4-20 所示。

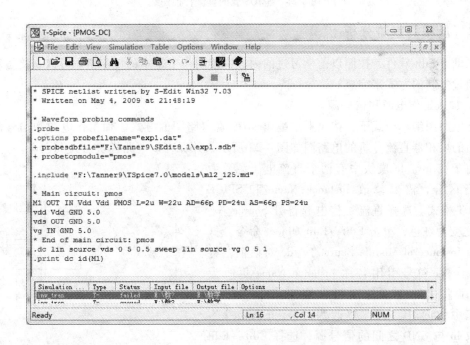

图 4-20 设定好直流分析命令的 PMOS 管网表文件

开始仿真并查看结果，仿真特性曲线如图 4-21 所示。

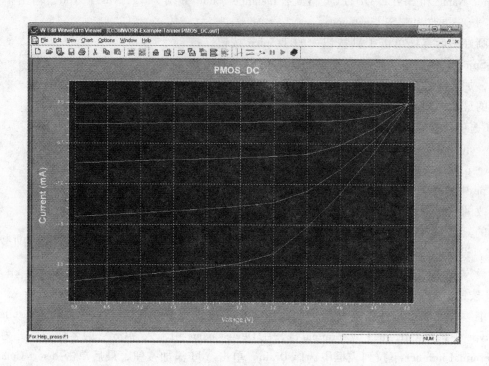

图 4-21　NMOS 管的直流特性曲线

4.3.2　反相器直流分析

启动 S-Edit 软件，按照以前学习过的内容，绘制一个基本的反相器。可以直接绘制，也可以通过复制的方式来完成。

1. 加入工作电源和信号源

在电路图编辑模式下，按照上述编辑 MOS 管电路图的方式添加工作电源和信号源，绘制好后的反相器直流分析的电路图如图 4-22 所示，并保存该电路模块名为 inv_dc。

由于在 inv_dc 模块中有两个直流电压源，为了进行区分，需要修改 Instance Name 和 SPICE OUTPUT 格式。选择直流工作电源符号 Source_v_dc 使之变为红色，单击 Edit→Edit Object 命令，打开 Edit Instance of Module Source_v_dc 对话框，将 Source_v_dc 符号引用名称 Instance Name 更改为 vvdd，再将 Properties 选项组中的 SPICE OUTPUT 文本框中的内容"v#"更改为"${instance}"。再选取 In 与 GND 之间的信号源，选择 Edit→Edit Object 选项，在 Edit Instance of Module Source_v_dc 对话框中，将 Instance Name 更改为"vin"，再将 SPICE OUTPUT 中的"v#"更改为"${instance}"，再将其中的电压 V 值更改为 1.0。

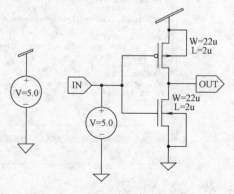

图 4-22　反相器直流分析的电路图

2. 输出 SPICE 网表文件

单击工具按钮中的 T-Spice 按钮，打开 T-Spice 软件。

加载包含文件，在 T-Spice 窗口中，把网表描述中的光标定位到主要电路描述之前的位置，选择 Edit→Insert Command 选项，打开 T-Spice Command Tool 窗口。选中左侧的 Files 选项，单击右侧的 Include 按钮，在弹出的对话框中的 Include file 文本框中输入模型文件，或通过 Browers 按钮找到对应的模型文件，单击 Insert Command 按钮，然后单击 Close 按钮。

3. 分析设定

在网表文件中，将光标定位到文件尾部，选择 Edit→Insert Command 选项，打开 T-Spice Command Tool 窗口。选择左侧的 Analysis 选项，单击右侧的 DC Transfer Sweep 按钮，再单击新出现窗口中的 Sweep1 按钮，在 Sweep type 下拉列表框中选择 Linear 选项，在 Parameter 下拉列表框中选择 Source 选项，在 Source Name 文本框中输入"vin"，在 Start 文本框中输入"0"，在 Stop 文本框中输入"5.0"，在 Increment 文本框中输入"0.02"，设置好后先单击 Accept 按钮，再单击 Insert Command 按钮，则会添加相应的命令。

4. 输出设定

此例主要是观察输出端 OUT 的电压 v（OUT）随输入端 IN 的电压 v（IN）变化而变化的模拟结果。

将光标定位到文件尾部，选择 Edit→Insert Command 选项，打开 T-Spice Command Tool 窗口。选择左侧的 OUTPUT 选项，单击右侧的 DC Results 按钮，在 Print DC analysis results 对话框中，在 Plot type 下拉列表框中选择 Voltage，在 Node Name 文本框中输入"OUT"，单击 Add 按钮，再单击 Insert Command 按钮，把输出设置写入到网表文件中。

设置好的反相器直流分析电路网表文件如图 4-23 所示。

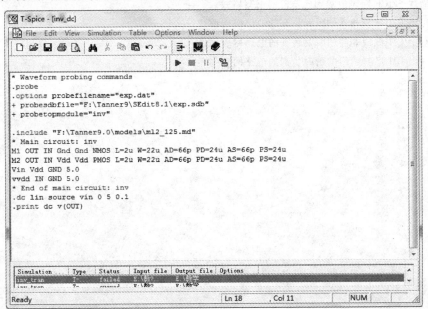

图 4-23　反相器直流分析电路网表文件

5. 进行仿真

单击 Simulation→Run Simulation 命令，出现 Run Simulation 对话框，设置好输出存放位

置等,单击 Start Simulation 执行仿真,仿真后的反相器直流特性曲线如图 4-24 所示。

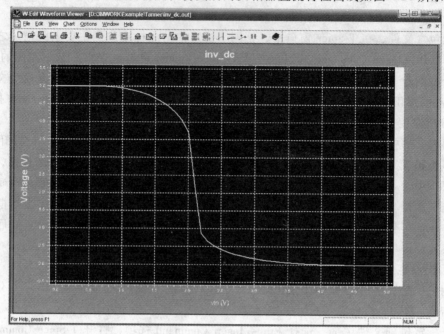

图 4-24 反相器直流特性曲线

习 题

4.1 简述 SPICE 软件可以进行的仿真类型。
4.2 简述 SPICE 网表中常用元器件的书写格式。
4.3 写出 CMOS 反相器的瞬时仿真的电路网表描述。
4.4 写出 CMOS 或非门的瞬时仿真的电路网表描述。
4.5 写出 CMOS 异或门的瞬时仿真的电路网表描述。

第 5 章 基本电路设计

5.1 与非门设计

集成电路中常用的单元电路除了非门外,还有与非门、或非门和异或门等。

1. 与非门电路设计

新建一个模块,命名为 NAND2,可根据以前学习过的知识,添加所需的 NMOS、PMOS、Vdd 和 GND 模块单元,完成电路图绘制。如果以前的练习保存了,也可以直接把原有的与非门电路复制过来。

2. 瞬时仿真

要对与非门进行瞬时仿真,就要添加相应的工作电源和信号源,操作同反相器的瞬时仿真操作,首先复制一个与非门模块,重新命名为 NAND2_tran,接着依次完成以下的六个步骤。

1)添加电源与信号源,首先在电路图工作模式下,单击 Module→Symbol Browser 命令,在 spice 库中找到相关的元器件 Source_v_dc 模块,添加到当前电路中并连接到 Vdd 和 GND 之间做电源。再找到 Source_v_pulse 模块,也添加到当前电路中,该模块需要添加两次,因为需要添加两个信号源,分别接到输入端 A 和 B 上。为了使 A 和 B 两个信号的周期不同,可以选择其中一个,单击 Edit→Edit Object 命令,在弹出的对话框中设置新的周期。还可以像设置反相器中的电源一样,分别更改电源和信号源对应的 Instance Name 加以区别。完成的瞬时仿真的与非门电路如图 5-1 所示。

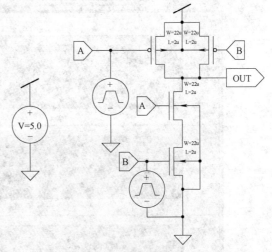

图 5-1 瞬时仿真的与非门电路

2)单击 S-Edit 窗口中工具按钮上的 T-Spice 按钮,输出 SPICE 网表文件并打开 T-Spice 编辑窗口。

3)把光标定位到主电路描述语句之前,单击 Edit→Insert Command 命令,选择 File 选项,并单击右侧的 Include 按钮,添加需要包含的模型文件。

4)把光标定位到主电路网表描述信息之后,单击 Edit→Insert Command 命令,选择 Analysis 选项,单击右侧的 Transient 按钮,在最大时间步长文本框中输入时间间隔,此处以 2ns 为例,在仿真时长文本框中设定仿真进行的时间,此处依然以 400ns 为例。设定好后单击 Insert Command 按钮,完成瞬时分析的设定。

5)单击 Edit→Insert Command 命令,选择 Output 选项,并单击右侧的 Transient Results 按钮,在 Plot type 下拉列表框中选择 Voltage,在 Node Name 文本框中输入节点名称,单击

Add 按钮,继续输入节点名称,单击 Add 按钮。此处添加节点 A、B 和 OUT,全部添加完毕后,单击 Insert Command 按钮,完成输出设定。完成的瞬时仿真的与非门电路网表如图 5-2 所示。

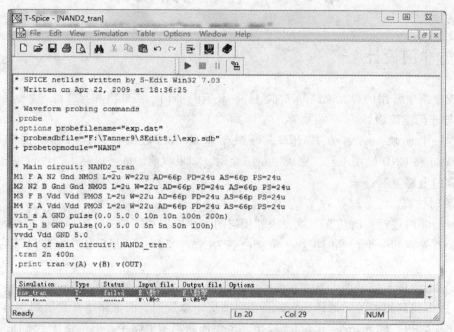

图 5-2　瞬时仿真的与非门电路网表

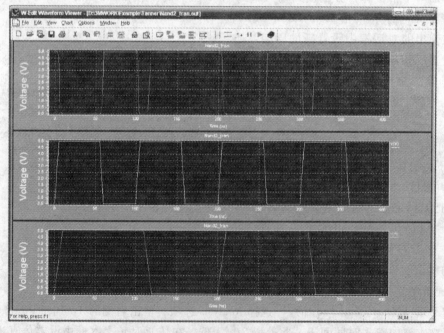

图 5-3　与非门瞬时仿真波形图

6)按"F5"键开始执行仿真,随后会自动打开波形窗口。通过波形可以查看对应的波形曲线,与非门瞬时仿真波形图如图 5-3 所示。

第5章 基本电路设计

3. 直流仿真

复制一个反相器模块，重新命名为 NAND2_dc，接着依次完成以下的六个步骤。

1）添加电源与信号源。首先在电路图工作模式下，单击 Module→Symbol Browser 命令，在 spice 库中找到相关的元器件 Source_v_dc 模块，在当前电路中添加 3 次，一个作为电路电源，另两个作为输入信号源分别接到输入端 A 和 B 上。为了区别这三个直流电源，需要更改它们对应的 Instance Name，分别为 vvdd、va 和 vb。完成的直流分析与非门电路图如图 5-4 所示。

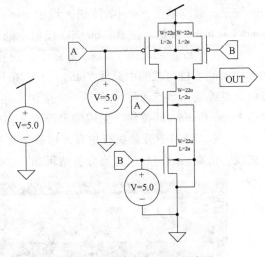

图 5-4 直流分析与非门电路图

2）单击 S-Edit 窗口中工具按钮上的 T-Spice 按钮，输出 SPICE 网表文件并打开 T-Spice 编辑窗口。

3）把光标定位到主电路描述语句之前，单击 Edit→Insert Command 命令，选择 File 选项，单击右侧的 Include 按钮，添加需要包含的模型文件。

4）本例为与非门的直流分析，在此我们模拟输入电压 va 从 0 变化到 5V，vb 从 0 变化到 5V 时，输出电压随输入电压的变化结果。首先把光标定位到主电路网表描述信息之后，单击 Edit→Insert Command 命令，选择 Analysis 选项，单击右侧的 DC Transfer Sweep 按钮，在右侧窗口中单击 Sweep1 按钮，打开 Sweep 对话框，在 Sweep type 下拉列表框中选择 Linear 选项，在 Parameter type 下拉列表框中选择 Source 选项，在 Source name 文本框中输入"va"，在 Start 文本框中输入 0，在 Stop 文本框中输入 5，在 Increment 文本框中输入 0.2，单击 Ac-

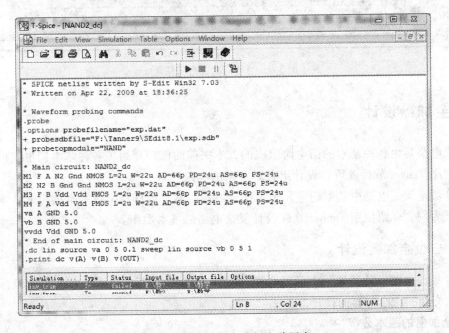

图 5-5 直流分析与非门电路网表

cept 按钮。继续单击 Sweep2 按钮，设定 Source name 为 vb，Increment 为 1，设定好后单击 Insert Command 按钮。注意，Sweep2 按钮中的 Increment 文本框中的数值不能太小。

5）单击 Edit→Insert Command 命令，选择 Output 选项，单击右侧的 DC Results 按钮，在 Plot type 下拉列表框中选择 Voltage，在 Node name 文本框中输入节点名称 OUT，单击 Add 按钮，继续输入节点名称，单击 Add 按钮。此处添加节点 A、B 和 OUT，全部添加完毕后，单击 Insert Command 按钮，完成输出设定。完成的直流分析与非门电路网表如图 5-5 所示。

6）按"F5"键开始执行仿真，随后会自动打开波形窗口。通过波形可以查看对应的波形曲线，仿真后的与非门直流分析结果如图 5-6 所示。

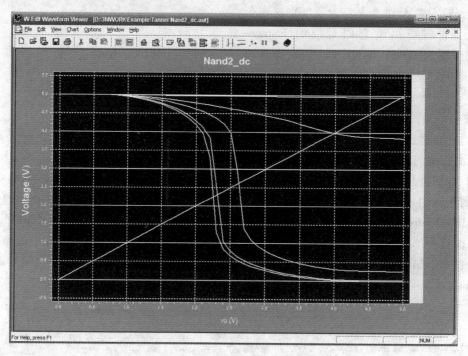

图 5-6　与非门直流分析结果

5.2　全加器设计

集成电路是由各种基本的门电路组成的，本书前面已经介绍了各种基本门电路的设计与仿真，利用 Tanner 软件就可以设计出各种复杂的电路。

运算器是集成电路中基本的单元子系统，而加法器是运算器中最基本的单元。本节以一位全加器为例，介绍使用 Tanner 软件设计复杂电路的基本操作。

5.2.1　一位全加器设计

在"集成电路设计基础"中已经介绍过一位全加器的基本设计，这里主要以标准单元设计方法介绍一位全加器的设计。

1. 全加器的基本分析

一位全加器可以执行一位二进制数的加法运算，考虑到上一级的进位，因此一位全加器

第 5 章 基本电路设计

有五个端口,分别为进位输入 Ci、数据输入 A、数据输入 B 和 S、进位输出 Co。

根据全加器的功能分析可以对全加器的关系式进行化简整理,同学们可以自己去化简,本章直接给出一个化简的结果。

$$Co = (A + B)Ci + AB$$
$$S = (A + B + Ci)\overline{Co} + ABCi$$

由于要利用标准单元设计方法,因此在化简的过程中要把结果尽量表达成各种基本标准单元的形式。

2. 全加器电路图的绘制

(1) 启动程序

打开 S-Edit 软件,新建一个文件并保存,然后新建一个 Module 模块,并命名为 Fulladder1。

(2) 设定环境

根据自己的习惯爱好设定工作环境,也可以采用默认值。

(3) 引用元器件

首先要添加设计所需的标准单元库文件。通过菜单 Module→Symbol Browser 打开 Symbol Browser 对话框,在对话框中单击 Add Library 按钮添加所需的库文件 scmos.sdb(所需的库文件路径:软件安装目录 \ TannerPro9 \ SEdit8.1 \ library \ scmos.sdb)。

通过上面分析得到的一位全加器的表达式可以看出,所需要的标准单元包括:基本的非门、二或门、二与门、三或门、三与门。单击 Module→Symbol Browser 命令,在 Symbol Browser 对话框中选择 Library 列表框中之前添加的 scmos.sdb 库文件。在 Modules 列表框中分别选中 Inv、NOR2C、NAND2C、NOR3C、NAND3C 模块,并单击 Place 按钮把这些标准单元放置到当前编辑窗口中。在单击 Place 按钮后,可能会出现一个 Module Name(s)

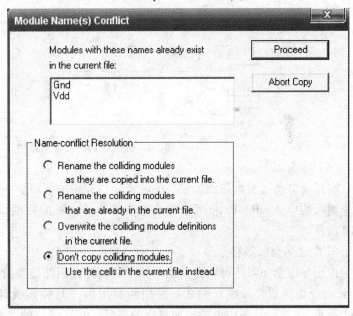

图 5-7 模块名称冲突对话框

Conflict 模块名称冲突对话框,如图 5-7 所示,说明目前例化的元器件与当前文件中某些元器件的名称有冲突,可以分别选择其中的某一项,一般情况下选择第四项,即选择不要复制发生冲突的模块,使用文件中现有的模块。五种基本门电路例化好后的元器件符号图如图 5-8 所示。

(4) 编辑全加器的电路

我们使用鼠标键来移动元器件,如果需要重复使用某个元器件,可以单击 Edit→Duplicate 命令实现，或者按住"Ctrl"键的同时拖动鼠标左键来完成。

然后利用 Wire 按钮来完成各个端点之间的连接，连接好的全加器电路图如图 5-9 所示。

（5）标注节点名称

为了使整个电路更具有可读性，我们会在每个节点上加上节点名称（注意节点和端口是不同的，此处节点名称也可以不添加）。

单击节点工具按钮 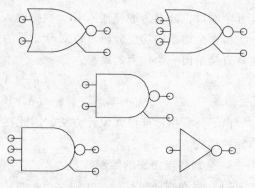，再到工作区中选择要连接的节点，打开 Place Node Label 对话框，在 Name 文本框中输入节点的名称，在 Origin Location 选项组中选择节点名称与节点的相对位置。添加时注意一些特殊字符不能出现在名称中。

图 5-8 例化好的元器件符号图

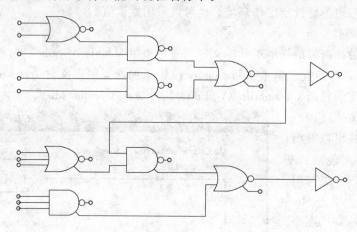

图 5-9 连接好的全加器电路图

（6）添加端口

利用端口按钮为电路添加相应的输入端口和输出端口。一位全加器共有五个端口，包括三个输入端口 A、B、Ci 和两个输出端口 Co、S，添加完端口后的一位全加器电路图如图 5-10 所示。

（7）建立全加器符号

由于一位全加器还可以在其他电路中被例化，因此还要设计其符号。单击 View→Symbol Mode 命令切换到符号编辑模式。利用绘制图形工具按钮设计完的一位全加器的符号如图 5-11 所示，注意符号图中也要添加对应的端口，并且端口的名称和电路图中的端口名称要完全一致（区分大小写）。

3. 一位全加器的瞬时仿真

对于已经设计好的一位全加器，还必须要对设计的电路进行功能验证，即用电路分析软件来仿真其功能，具体步骤如下。

（1）新建仿真模块

由于一位全加器的电路还需要用做其他方面，因此我们复制一个一位全加器模块，并命

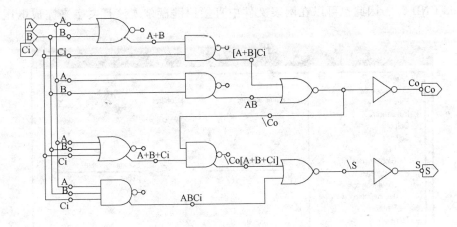

图 5-10 添加完端口后的一位全加器电路图

名为 FullAdder1_tran。

（2）输出 T-Spice 网表文件

在电路图编辑模式窗口中单击 T-Spice 按钮，把当前的电路转换成 T-Spice 电路网表格式，并打开 T-Spice 仿真器。

（3）加载包含文件

在仿真之前，必须要知道所用 MOS 管的模型，以便与使用的工艺相一致。本例依然以 m12_125.md 模型文件为例。单击 Edit→Insert Command 命令，

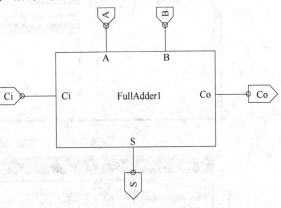

图 5-11 一位全加器的符号

选择其中的 Files 选项，并单击其中的 Include 按钮，然后单击 Browser 按钮，找到模型文件，再单击 Insert Command（插入命令）按钮。

（4）设定参数

通过读取电路网表文件可以知道，所用 MOS 管的参数 W 和 L 都是以参数"l（小写字母）"的倍数来表示的，因此还必须要设定 l 参数才能进行仿真，在此设定参数 l = 0.5u。具体操作是单击 Edit→Insert Command 命令，在出现的 T-Spice Command Tool 对话框中选择 Settings 选项，并单击 Parameters 选项，在 Parameter type 下拉列表框中选择 General，在 Parameter name 文本框中填写参数名"l"，在 Parameter value 文本框中填写"0.5u"，然后单击 Add 按钮。最后单击 Insert Command 按钮完成参数 l 的设定，如图 5-12 所示。

（5）电压源设定

前面我们都是在电路原理图上直接例化一个电压源并设定其参数来添加工作电压，此外，也可以用 T-Spice 中的插入命令方式来设定一个电压源。

单击 Edit→Insert Command 命令，在弹出的 T-Spice Command Tool 对话框中选择 Voltage Source 下的 Constant 选项，在 Constant Source 选项组中设定电压源的名称为"vvdd"，正端连接"Vdd"，负端连接"GND"，并设定该工作电源大小为"5V"，如图 5-13 所示。最后单击 Insert Command（插入命令）按钮，即可以在网表文件中出现对应的电压源命令行

"vvdd Vdd GND 5",因此也可以在网表文件中直接用键盘敲入该行文字来完成电压源的设定。

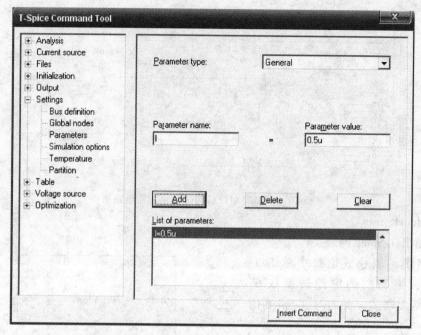

图 5-12 设定参数 l 的对话框信息

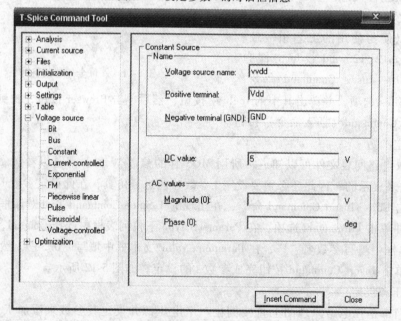

图 5-13 设定电压源

(6) A 输入端的信号设定

前面添加信号源时都是在电路中直接例化一个信号源,在此也可以用 T-Spice 中的插入命令方式来设定输入信号源。下面给 A 输入端添加一个脉冲信号源。

单击 Edit→Insert Command 命令,在弹出的 T-Spice Command Tool 对话框中选择 Voltage source 下的 Pulse 选项，在其中的 Pulse source 选项组中设定电压源名称为"va"，正端连接端口"A"，负端连接"GND"，初始电压值为"0"，峰值电压为"5V"，上升时间为"5ns"，下降时间为"5ns"，脉冲宽度为"50ns"，脉冲周期为"100ns"，初始延迟为"50ns"，如图 5-14 所示。最后单击 Insert Command（插入命令）按钮，网表文件中随即会出现对应的命令行"va A GND pulse（0 5 50n 5n 5n 50n 100n）"。

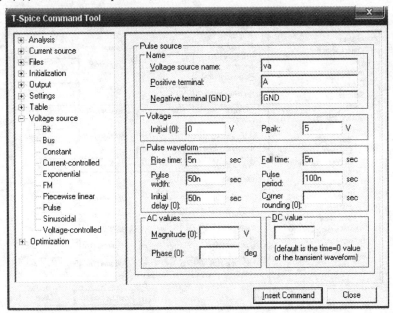

图 5-14　A 输入端的信号设定

（7）B 输入端的信号设定

为了了解电路的正确性，需要观察输入与输出波形的变化，一般是以周期性倍增的周期方波作为输入，比如（6）中设定的 A 端输入信号。B 端的输入信号我们在这里以数据串流的方式进行设定。

单击 Edit→Insert Command 命令，在弹出的 T-Spice Command Tool 对话框中选择 Voltage source 下的 Bit 选项，在对话框右侧的电压源名称文本框中输入"vb"，在正端连接文本框中输入"B"，在负端连接文本框中输入"GND"，在 Bit stream 文本框中输入"0011"，"0"表示低电平，"1"表示高电平。在 ON value 文本框中输入"5"，表示高电平为 5V；在 OFF value 文本框中输入"0"，表示低电平为 0；在 Low time 文本框中输入"50n"，表示低电平持续时间为 50ns；在 High time 文本框中输入"50n"，表示高电平持续时间为 50ns；在 Rise time 文本框中输入"5n"，表示上升时间为 5ns，在 Fall time 文本框中输入"5n"，表示下降时间为 5ns，如图 5-15 所示。最后单击 Insert Command（插入命令）按钮，网表文件中随即会出现对应的命令行"vb B GND BIT（{0011} lt = 50n ht = 50n on = 5 off = 0 rt = 5n ft = 5n）"。

（8）C_i 端的输入信号设定

C_i 端的输入信号以分段线性波形的方式设定。设定方波最大值为 5V，最小值为 0，5V 维持的时间为 200ns，由低电平"0V"到高电平"5V"上升的时间是 5ns。

单击 Edit→Insert Command 命令，在弹出的 T-Spice Command Tool 对话框中选择 Voltage

Source 下的 Piecewise linear 选项，在右侧的窗口中，设定电压源名称为"vci"，正端文本框输入"Ci"，负端文本框输入"GND"，在 Waveform 选项组的 Corners 文本框中输入"0ns 0V 200ns 0V 205ns 5V 400ns 5V"，如图 5-16 所示。最后单击 Insert Command（插入命令）按钮，网表文件中随即会出现对应的命令行"vci Ci GND PWL（0ns 0V 200ns 0V 205ns 5V 400ns 5V）"。

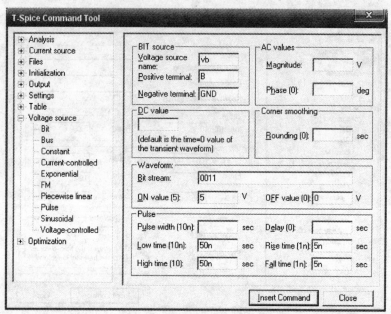

图 5-15　B 输入端的信号设定

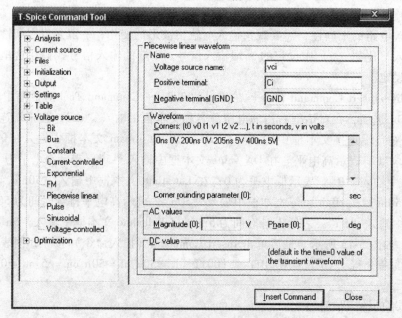

图 5-16　Ci 端的输入信号设定

（9）分析设定

下面对全加器进行瞬时仿真，因此必须要设定瞬时分析的指令，该步骤与本书 5.1 节讲

第 5 章 基本电路设计

解的瞬时仿真操作一样。

单击 Edit→Insert Command 命令，在出现的对话框中选择 Analysis 选项，然后选择其中的 Transient 选项，设定模式为标准模式，最大步长为 1ns，仿真时长为 400ns，如图 5-17 所示。然后单击 Insert Command（插入命令）按钮。

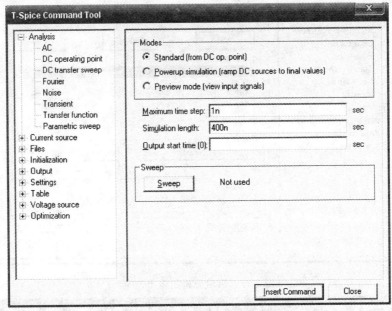

图 5-17 瞬时分析设定

（10）输出设定

想观察电路的功能是否正确，必须要查看输出电压随输入电压的变化关系。本例中为了验证全加器的功能，因此要查看三个输入端与两个输出端的电压变化。

单击 Edit→Insert Command 命令，在弹出的 T-Spice Command Tool 对话框中选择 Output 下的 Transient results 选项，在 Plot type 下拉列表框中选定 Voltage，然后在 Node name 文本框中分别输入三个输入 A、B、Ci 和两个输出 S、Co 的端口名称，并单击 Add 按钮，最后单击 Insert Command（插入命令）按钮，如图 5-18 所示。

全部设定好后的一位全加器瞬时仿真网表文件内容如图 5-19 所示。

（11）进行仿真，查看结果

单击 Simulate→Start Simulation 命令，或单击 Run Simulation 按钮，在弹出的 Run Simulation 对话框中单击 Start Simulation 按钮，开始执行仿真，仿真结果的报告会出现在 Simulation Status 窗口中。

一位全加器的瞬时仿真波形如图 5-20 所示。图中从上到下的波形依次为 S、Co、B、A 和 Ci 的波形曲线，可以根据图中的波形曲线变化关系来判断全加器的功能。

5.2.2 四位全加器设计

随着集成电路技术的迅速发展，运算器的位数越来越大，现在 64 位的计算机已经开始普及，因此要学会设计多位加法器。

本节以本节 5.2.1 节介绍过的一位全加器为基础来设计一个四位全加器。

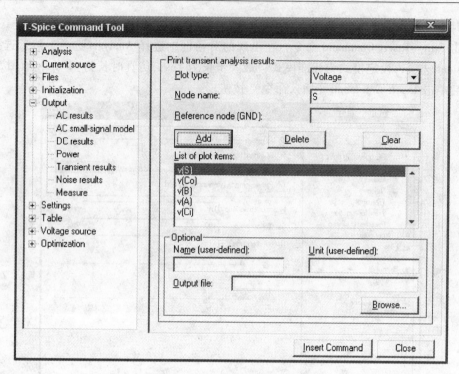

图 5-18 瞬时分析的输出设定

```
FullAdder_1_tran.sp
* SPICE netlist written by S-Edit Win32 10.10
* Written on Aug 14, 2008 at 10:49:11
* Waveform probing commands
.probe
.options probefilename="exp_sedit.dat"
+ probesdbfile="D:\3MWORK\Example\Tanner\exp_sedit.sdb"
+ probetopmodule="FullAdder_1_tran"
* No Ports in cell: PageID_Tanner
* End of module with no ports: PageID_Tanner
.include "D:\3MWORK\Example\Tanner\ml2_125.md"
.param l=0.5u
vvdd Vdd GND 5
va A GND PULSE (0 5 50n 5n 5n 50n 100n)
vb B GND BIT ((0011) lt=50n ht=50n on=5 off=0 rt=5n ft=5n)
vci Ci GND PWL (0ns 0V 200ns 0V 205ns 5V 400ns 5V)
.tran 1n 400n
.print tran v(Ci) v(A) v(B) v(Co) v(S)
.SUBCKT NOR2 A B Out Gnd Vdd
M4 Out B N8 N8 NMOS W='28*1' L='2*1' AS='144*1*1' AD='84*1*1' PS='68*1' PD='34*1' M=1
```

图 5-19 一位全加器瞬时仿真网表文件

1. 四位全加器的分析

四位全加器可以执行四位二进制数的加法运算,因此需要有 8 个对应的输入端口,进一步考虑全加功能,还要对上一级的进位进行加法运算,因此还要外加一个上一级进位的输入端口。加法运算的结果除了有四位和以外,还有一个进位输出,因此需要有五个输出端口。

2. 四位全加器的编辑

1)启动原理图编辑软件 S-Edit,把默认的文件 File0 修改为自定义的文件名称加以保存,同时把默认打开的模块名 modul0 修改为 FullAdder_4,然后根据需要设定好自己的环境变量。

第5章 基本电路设计　　155

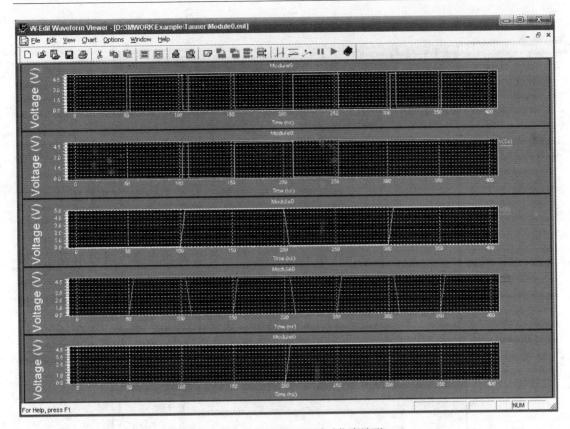

图 5-20　一位全加器的瞬时仿真波形

2）保证目前的工作模式为电路图编辑模式。单击 Module→Instance 命令，把以前设计的一位全加器例化到当前窗口中。为了满足四位全加器的需要，需要例化四次，也可以直接在编辑区再复制三次该模块。

3）把例化或复制的四个一位全加器按照一定的排列方式布局放在窗口中，主要是考虑连线的方便。接着利用连线按钮把对应的元器件节点连接在一起，完成的四位全加器的电路图布局连线如图 5-21 所示。

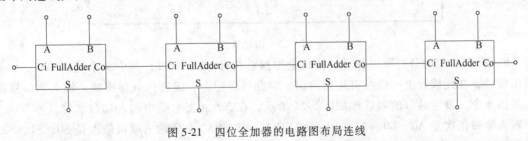

图 5-21　四位全加器的电路图布局连线

4）为了增加器件的可读性，一般都要更改引用的元器件名称。具体操作是，单击鼠标右键选中需要更改的元器件，选择 Edit→Edit Object 选项，打开 Edit Instance of Module FullAdder_1 更改元器件引用名称的对话框，如图 5-22 所示。在 Instance Name 文本框中输入要更改的名称，本例引用的四个一位全加器从左往右依次更改为 f0、f1、f2、f3。

5）如果要在中间连接的位置上添加节点，则选择工具按钮中的节点按钮，在编辑窗口中需要添加节点的位置单击鼠标左键，弹出添加节点对话框，如图 5-23 所示。在 Name 文本框中输入节点的名称，本例中的三个连接节点依次设定为 Co0、Co1 和 Co2。

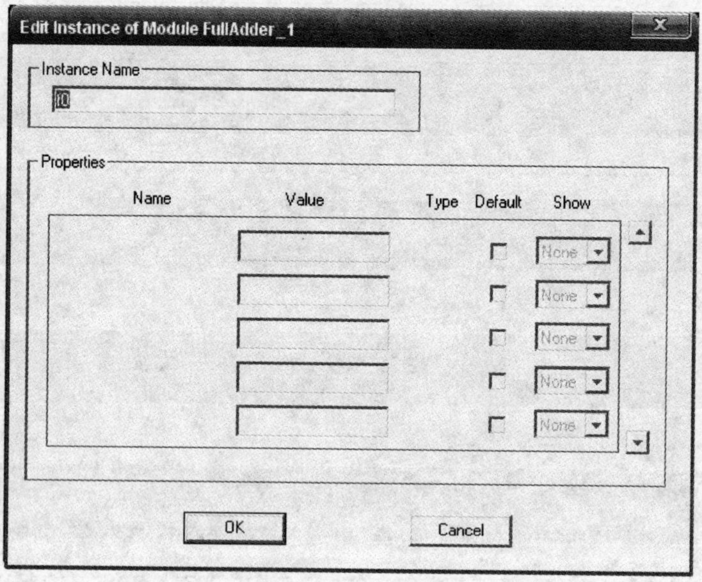

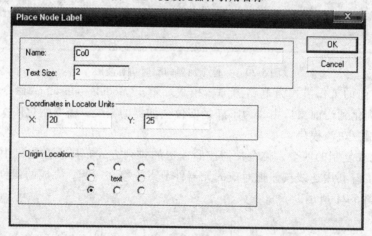

图 5-22　更改元器件引用名称

图 5-23　添加节点

6) 根据前面的分析可以知道，四位全加器总共有 14 个端口，其中 9 个输入端口，5 个输出端口，在此假设上一级没有进位输出，因此可以把上一级进位直接接地，输入端口只需要添加 8 个。设定端口的对话框如图 5-24 所示，在 Name 文本框中输入端口名称，本例的 8 个输入端口依次是 A0、B0、A1、B1、A2、B2、A3、B3，5 个输出端口依次是 S0、S1、S2、S3、Cout。完成后的四位全加器电路图如图 5-25 所示。

7) 切换到符号图模式，开始绘制四位全加器的符号。首先选取绘图工具按钮中的矩形工具按钮，绘制一个合适的矩形，然后利用直线工具按钮绘制合适的直线，在矩形内部适当的位置利用文字工具按钮输入端口的名称，最后添加 8 个输入端口和 5 个输出端口。注意，端口的名称类型要和电路图中的端口完全一致，完成的四位全加器的逻辑符号图如图 5-26 所示。

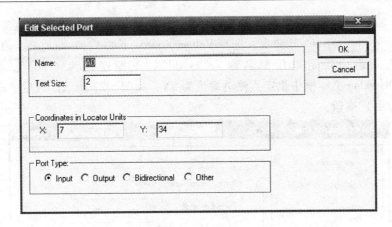

图 5-24 设定端口

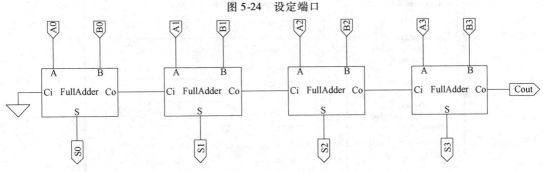

图 5-25 四位全加器电路图

3. 四位全加器的瞬时仿真

电路设计好以后，就要进行仿真，以验证电路的功能是否正确，下面进行瞬时仿真分析。

在四位全加器电路图编辑窗口中，单击工具按钮上的 T-Spice 按钮，把电路图转换成 T-Spice 电路网表的格式，并打开 T-Spice 仿真器。

（1）加载包含文件

由于不同的工艺流程有不同的特性，因此在仿真之前必须要引入 MOS 器件的模型。本例中依然以前面用过的 1.25μm 的 CMOS 器件模型文件（m12_125.md）为例。

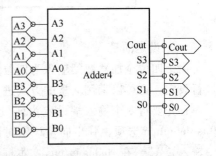

图 5-26 四位全加器的逻辑符号图

单击 Edit→Insert Command 命令，选择其中的 Files 选项，并单击其中的 Include 按钮，然后单击 Browser 按钮，找到模型文件，再单击 Insert Command（插入命令）按钮。

（2）设定参数

通过查看网表文件可以知道，MOS 管的 W 和 L 参数都与 l（小写字母）有关，因此要设定这个参数。

单击 Edit→Insert Command 命令，选择 Settings 下的 Parameters 选项，在弹出的对话框中设定参数类型为 General，在参数名称文本框中输入 l，在参数值文本框中输入 0.5u，最后单击 Insert Command（插入命令）按钮。

（3）设定电压源

进行仿真之前还必须要在电路中加上电压源。本例所加电压源为5V的直流电压源。

单击Edit→Insert Command命令，选择Voltage source下的Constant选项，在弹出的Constant Source选项组中设定电压源名称为"vvdd"，正端连接为"Vdd"，负端连接为"GND"。在DC value文本框中设定直流电源值为5V，如图5-27所示。最后单击Insert Command（插入命令）按钮。

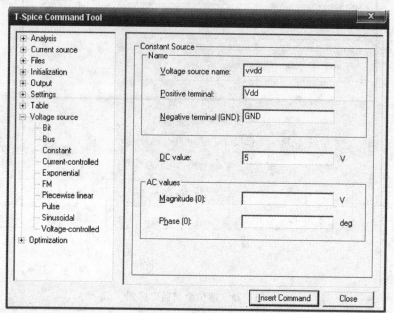

图5-27 电压源设定

（4）设定向量

由于四位全加器数据输入为四位二进制数据，信号的输入可以像以前一样对每一位单独进行设定，也可以采用向量的方式进行设定，这种方法更简便。

首先要将8个输入端设定为向量。单击Edit→Insert Command命令，选择Settings下的Bus definition选项，弹出向量设定对话框，如图5-28所示。在对话框中的Bus name文本框中输入"A"，在Nodes in bus文本框中输入"A3 A2 A1 A0"（注意中间有空格）。然后单击Insert Command（插入命令）按钮，在网表文件中会出现相应的命令行". vector A ｛A3 A2 A1 A0｝"。

按照同样的设定方法把另四位输入端也设定为向量B，在网表文件中会出现". vector B ｛B3 B2 B1 B0｝"。

（5）设定输入信号

向量设定好以后，就可以进行数据输入的设定。由于A和B可以被认为是四位二进制数据，因此输入方式可以采用十进制0~15的数值、十六进制0~F的数值或二进制0000~1111的数值。

单击Edit→Insert Command命令，选择Voltage source下的Bus选项，弹出向量A的输入信号设定对话框，如图5-29所示。在Voltage source name文本框中输入"va"，在Bus name文本框中输入A，在Reference node文本框中输入"GND"。在Bit stream文本框中输入"0011 1110 1100 1010"（注意，每4位数据之间有空格），表示向量A里面的输入信号数据

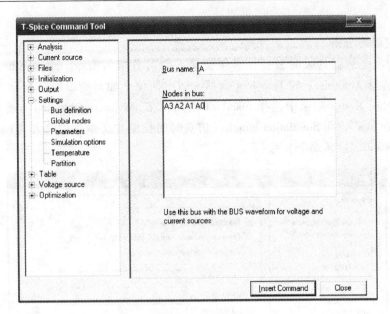

图 5-28　向量设定

变化了 4 种状态组合；在 Pulse 选项组的 Low time 文本框中输入"50n"，表示低电平持续时间是 50ns；在 Hign time 文本框中输入"50n"，表示高电平持续时间是 50ns；在 Rise time 文本框中输入"5n"，表示上升时间是 5ns；在 Fall time 文本框中输入"5n"，表示下降时间是 5ns。最后单击 Insert Command（插入命令）按钮，会在网表文件中出现对应的命令行"va A GND BUS（{0011 1110 1100 1010} lt = 50n ht = 50n on = 5 off = 0 rt = 5n ft = 5n）"。

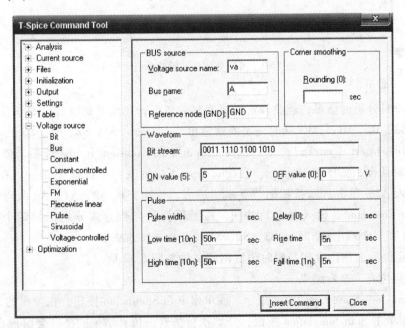

图 5-29　向量 A 的输入信号设定

按照同样的方式为向量 B 输入"1101 0111 1010 0101"二进制数值。最后在网表文件中出现对应的命令行"vb B GND BUS（{1101 0111 1010 0101} lt = 50n ht = 50n on = 5 off = 0 rt

=5n ft =5n)"。

(6) 设定瞬时分析

要进行四位全加器的瞬时分析,必须要插入瞬时分析的指令。单击 Edit→Insert Command 命令,选择 Analysis 下的 Transient 选项,弹出四位全加器的瞬时分析设定对话框,如图 5-30 所示。在 Modes 选项中选择 Standard 模式,在 Maximum time step(最大时间步长)文本框中输入"1n",在 Simulation length(仿真时间长度)文本框中输入"200n",最后单击 Insert Command(插入命令)按钮。

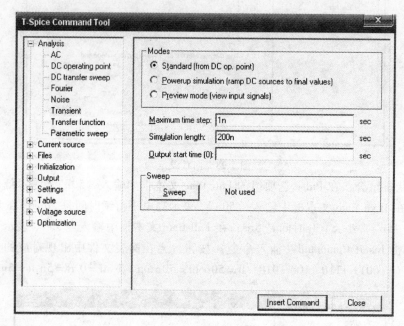

图 5-30　四位全加器的瞬时分析设定

(7) 设定输出

想观察瞬时分析的结果,就要设定所要观察的节点,在此要观察的输入节点为 A3、A2、A1、A0 和 B3、B2、B1、B0,同时还要观察输出节点 Cout、S3、S2、S1、S0 的电压。

单击 Edit→Insert Command 命令,选择 Output 下的 Transient results 选项,弹出观察节点电压的设定对话框,如图 5-31 所示。在 Plot type 下拉列表框中选择 Voltage,在 Node name 文本框中输入 A3,单击 Add 按钮把节点添加进去,依次完成 A2、A1、A0 节点的添加,然后单击 Insert Command(插入命令)按钮。按照同样的操作方式分别把另四个输入端 B3、B2、B1、B0 和五个输出端 Cout、S3、S2、S1、S0 也添加进去。

全部设定好后的四位全加器瞬时仿真网表文件如图 5-32 所示。

(8) 执行仿真,查看结果

单击 Simulate→Start Simulation 命令,或单击 Run Simulation 按钮,在弹出的 Run Simulation 对话框中单击 Start Simulation 按钮,开始执行仿真,仿真结果的报告会出现在 Simulation Status 窗口中。

四位全加器的瞬时仿真波形如图 5-33 所示,该图给出了 5 个输出端口的波形,由波形图就可以分析四位全加器的功能是否正确。向量 A 的输入信号为"0011 1110 1100 1010",

第 5 章 基本电路设计

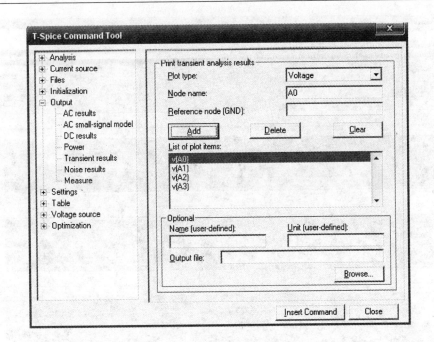

图 5-31 观察节点电压的设定

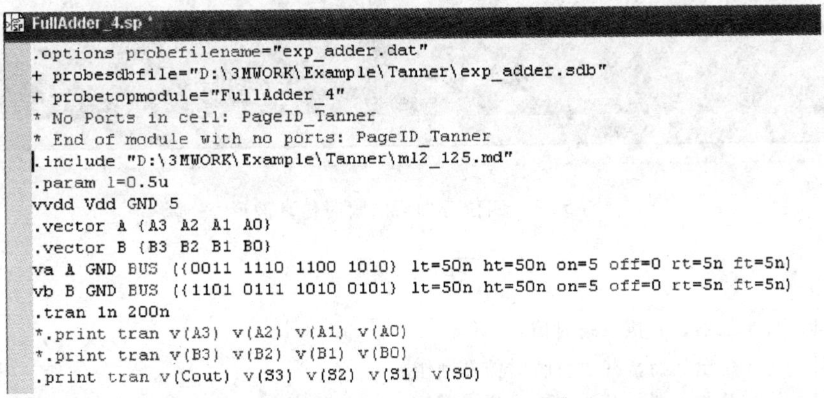

图 5-32 四位全加器瞬时仿真网表文件

向量 B 的输入信号为"1101 0111 1010 0101"。

在 0~50ns 范围内，A 端口输入 0011，B 端口输入 1101，两个数相加的结果为 10000，由波形图也可以看出 Cout 为 1，S3 到 S0 都为 0，输出结果是正确的。

在 51~100ns 范围内，A 端口输入 1110，B 端口输入 0111，两个数相加的结果为 10101，由波形可以看出，Cou、S2 和 S0 为 1，而 S3 和 S1 为 0，输出结果是正确的。

在 101~150ns 范围内，A 端口输入 1100，B 端口输入 1010，两个数相加的结果为 10110，由波形图也可以看出 Cout、S2 和 S1 的值为 1，而 S3 和 S0 的值为 0，输出结果是正确的。

在 151~200ns 范围内，A 端口输入 1010，B 端口输入 0101，两个数相加的结果为 1111，由波形图可以看出，Cout 的值为 0，S3、S2、S1、S0 的值为 1，结果也是正确的。

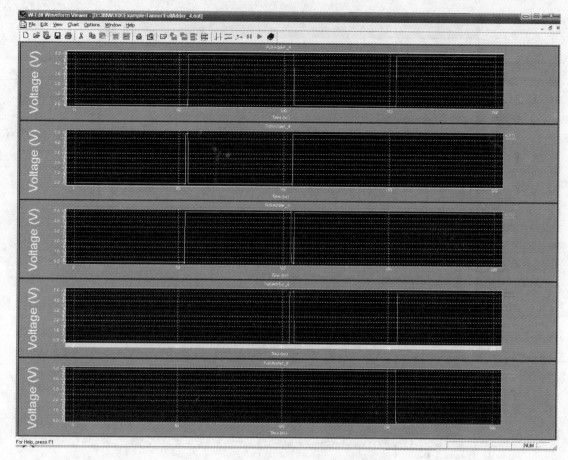

图 5-33 四位全加器的瞬时仿真波形

习 题

5.1 设计一位半加器,并执行瞬时仿真操作。

5.2 设计一个二位全加器,并执行瞬时仿真操作。

5.3 设计一个八位全加器,并执行瞬时仿真操作。

第6章 版图设计

6.1 工艺基础

要想进行集成电路版图设计,首先必须要了解将来生产流线所使用的工艺线和工艺水平。本书的所有实例都是以软件所带实例 lights.tdb 文件为基础的。实例文件路径:软件安装目录下 \ TannerPro9 \ LEdit9.0 \ samples \ spr \ example1 \ lights.tdb。

首先进行设置的替换,单击 File→Replace Setup 命令,用 lights.tdb 文件 (… \ TannerPro9 \ LEdit9.0 \ samples \ spr \ example1 \ lights.tdb) 替换当前文件的设置,当出现一个修改设置信息警告对话框时,单击确定按钮。

1. 图层

首先来了解该工艺所使用的工艺图层。单击 Setup→Layers 命令,在弹出的 Setup Layers 对话框中可以查看图层的相关信息。

实例文件 lights.tdb 所用的工艺图层如图 6-1 所示,在 Layers 列表框中列出了当前设置的所有图层,主要包括五个特殊图层:Grid Layer(栅格图层)、Drag Box Layer(拖动矩形图层)、Origin Layer(原点图层)、Cell Outline Layer(单元外轮廓图层)和 Error Layer(错误图层)。十二个常用的绘图图层是 Poly(多晶硅)、Poly2(多晶硅2)、Active(有源区)、Metal1(金属1)、Metal2(金属2)、N Well(N 阱)、N Select(N 选择区)、P Select(P 选择区)、Poly Contact(多晶硅孔)、Poly2 Contact(多晶硅2孔)、Active Contact(有源区孔)、Via(通孔)。

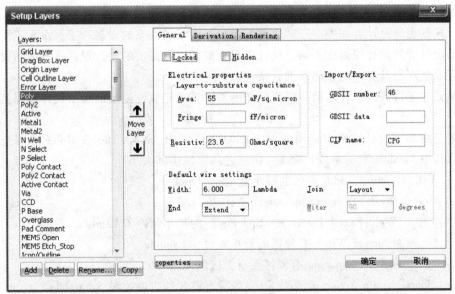

图 6-1 实例文件 lights.tdb 所用的工艺图层

这里需要注意的是，在 CMOS 集成电路中，既有 NMOS 管，又有 PMOS 管，对应地应该有 N 型有源区和 P 型有源区，但所列的图层中并没有这两个图层，而是有一个 Active 图层。图层列表中还有两个图层，分别是 n Active 和 p Active 图层，查看这两个图层的 Derivation 标签，会发现它们是由其他一些图层通过运算得到的，如 N 型有源区图层的运算关系如图 6-2 所示：n Active =（（Active）&（N Select））&（NOT（NPN ID））。由此可以看出，n 型有源区是通过 Active 图层和 N Select 图层进行与运算得到的。同理，p 型有源区也是通过 Active 图层和 P Select 图层进行与运算得到的。

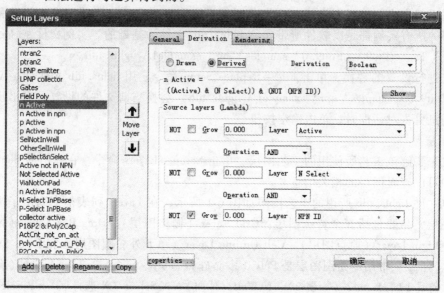

图 6-2　N 型有源区图层的运算关系

2. 规则

版图设计规则是为了保证电路的性能和一定的成品率而提出的一组最小尺寸。

设计规则也是设计者和生产厂家之间的接口，由于各厂家的设备和工艺水平不同，各厂家提供给设计者的设计规则也不同，设计者只有根据厂家提供的设计规则进行版图设计，才能在该厂家生产出具有一定成品率的合格产品。

因此，在进行版图设计之前一定要先详细了解该工艺线所使用的版图设计规则类型和具体数据。

以下是对本书设计实例中使用的 MOSIS/ORBIT 2.0U SCNA Design Rules 的部分规则内容整理，其中 Lambda 表示单位长度 λ（由工艺厂家提供其大小）。

1.1　Well Minimum Width 阱区的最小宽度 10 Lambda
1.2　Well to Well（Different potential）Not checked
1.3　Well to Well（Same Potential）Spacing 阱的最小间距 6 Lambda
2.1　Active Minimum Width 有源区的最小宽度 3 Lambda
2.2　Active to Active Spacing 有源区到有源区的间距 3 Lambda
2.3a　Source/Drain Active to Well Edge 源漏有源区到阱的边缘 5 Lambda
2.3b　Source/Drain Active to Well Space 源漏有源区到阱的间距 5 Lambda
2.4a　WellContact（Active）to Well Edge 阱孔到阱的边缘 3 Lambda

2.4b　SubsContact（Active）to Well Spacing 衬底孔到阱的间距 3 Lambda
3.1　Poly Minimum Width 多晶硅的最小宽度 2 Lambda
3.2　Poly to Poly Spacing 多晶硅的最小间距 2 Lambda
3.3　Gate Extension out of Active 栅延伸有源区 2 Lambda
3.4a/4.1a　Source/Drain Width N 源漏区的最小宽度 3 Lambda
3.4b/4.1b　Source/Drain Width P 源漏区的最小宽度 3 Lambda
3.5　Poly to Active Spacing 多晶硅到有源区的间距 1 Lambda
4.2a/2.5　Active to N-Select Edge 有源区到 N 选择区的边缘 2 Lambda
4.2b/2.5　Active to P-Select Edge 有源区到 P 选择区的边缘 2 Lambda
4.3a　Select Edge to ActCnt 选择区边缘到有源区孔 1 Lambda
4.3b　Select Edge to ActCnt 选择区边缘到有源区孔 1 Lambda
4.4a　Select Minimum Width N N 选择区最小宽度 2 Lambda
4.4b　Select Minimum Width P P 选择区最小宽度 2 Lambda
4.4c　Select to Select Spacing N 选择区到 N 选择区的间距 2 Lambda
4.4d　Select to Select Spacing P 选择区到 P 选择区的间距 2 Lambda
5.1A　Poly Contact Exact Size 多晶硅孔的精确间距 2 Lambda
5.2A/5.6B　FieldPoly Overlap of PolyCnt 场区多晶硅包含多晶硅孔 1.5 Lambda
5.3A　PolyContact to PolyContact Spacing 多晶硅孔到多晶硅孔的间距 2 Lambda
6.1A　Active Contact Exact Size 有源区孔的精确宽度 2 Lambda
6.2A　FieldActive Overlap of ActCnt 场有源区包含有源区孔 1.5 Lambda
6.3A　ActCnt to ActCnt Spacing 有源区孔到有源区孔的间距 2 Lambda
6.4A　Active Contact to Gate Spacing 有源区孔到栅的间距 2 Lambda
7.1　Metal1 Minimum Width 金属 1 的最小宽度 3 Lambda
7.2　Metal1 to Metal1 Spacing 金属 1 到金属 1 的间距 3 Lambda
7.3　Metal1 Overlap of PolyContact 金属 1 包含多晶硅孔 1 Lambda
7.4　Metal1 Overlap of ActiveContact 金属 1 包含有源区孔 1 Lambda
8.1　Via Exact Size 通孔的精确宽度 2 Lambda
8.2　Via to Via Spacing 通孔到通孔的间距 3 Lambda
8.3　Metal1 Overlap of Via 金属 1 包含通孔 1 Lambda
8.4a　Via to PolyContact spacing 通孔到多晶孔的间距 2 Lambda
8.4b　Via to ActiveContact Spacing 通孔到有源区孔的间距 2 Lambda
8.5a　Via to Poly Spacing 通孔到多晶硅的间距 2 Lambda
8.5b　Via（On Poly）to Poly Edge 多晶硅包含多晶通孔 2 Lambda
8.5c　Via to Active Spacing 通孔到有源区的间距 2 Lambda
8.5d　Via（On Active）to Active Edge 有源区包含有源通孔 2 Lambda
9.1　Metal2 Minimum Width 金属 2 最小宽度 3 Lambda
9.2　Metal2 to Metal2 Spacing 金属 2 到金属 2 的间距 4 Lambda
9.3　Metal2 Overlap of Via1 金属 2 包含通孔 1 Lambda

在绘制版图之前一定要详细了解这些规则的具体数据，只有这样才能在版图设计中设计出性能良好、面积最优的芯片版图。

6.2 T-Cell 设计基础

所谓版图即是用不同颜色的图层组合在一起构成的元器件的图形。

我们知道利用 L-Edit 可以绘制基本的版图，除此以外，还可以利用 T-Cell 绘制版图。T-Cell 是 Tanner 公司的专有 Cell 格式，它可以利用 UPI 进行编程的方式来实现版图的绘制。

本实例使用的工艺是以软件所带实例为基础的，实例文件为软件安装目录 \ TannerPro9 \ LEdit9.0 \ samples \ spr \ example1 下的 lights.tdb 文件。首先通过单击 File→Replace Setup 命令进行设置的替换，操作方法同 6.1 节。

6.2.1 T-Cell 绘制基本图形

1. 绘制矩形

首先新建一个文件，然后单击菜单 Cell 新建一个单元，在创建 T-Cell 的对话框（见图 6-3）中，选择 T-Cell Parameters，在 Name 栏下方字段填入参数 "W"，在 Type 栏下方字段选择类型 "Integer"，在 Default Value 栏下方字段填入预设整数值 "1"。利用同样的方式设置参数 "L"，类型为 "Integer"，默认数值设为 "10"。单击 "确定" 按钮，打开 T-Cell 代码编辑窗口（见图 6-4），在此代码区域可以编写自己的代码，以形成各种所需的图形。

在 T-Cell 代码编辑区，首先创建两个变量 Wwidth 与 Lwidth，其数据类型为 LCoord（第一个关键字），再创建两个坐标变量 pt1 与 pt2，其数据类型为 LPoint（第二个关键字）。接着利用 LC_Microns（第三个关键字）函数回传带单位的数值来定义变量值 Wwidth 为 LC_Microns（W），定义变量值 Lwidth 为 LC_Microns（L），定义坐标变量 pt1 的 x 值为 -Wwidth/2，定义坐标变量 pt1 的 y 值为 -Lwidth/2，定义坐标变量 pt2 的 x 值为（Wwidth/2），定义坐标变量 pt2 的 y 值为（Lwidth/2）。最后应用创建矩形函数 LC_CreateBox（第四个关键字），

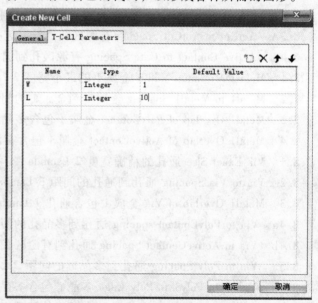

图 6-3　创建 T-Cell 对话框

指定图层为 "Poly"，左下角坐标点为 pt1，右上角坐标点为 pt2。用 T-Cell 绘制矩形的完整源代码如图 6-5 所示。

编辑好 T-Cell 的源代码后，要保存文件，可以单击 File→Save 命令或单击保存按钮，会弹出保存 T-Cell 文件询问对话框，如图 6-6 所示，单击 Yes 按钮即可保存文件。

第6章 版图设计

```
#include <stdio.h>
#include "ldata.h"

/* Begin -- Remove this block if you are not using L-Comp. */
#include "lcomp.h"
/* End */

    /* TODO: Put local functions here. */
    void Basic_main(void)
    {
        /* Begin DO NOT EDIT SECTION generated by L-Edit */
        LCell        cellCurrent    = (LCell)LMacro_GetNewTCell();
        int          W              = (int)LCell_GetParameter(cellCurrent, "W");
        int          L              = (int)LCell_GetParameter(cellCurrent, "L");
        /* End DO NOT EDIT SECTION generated by L-Edit */

        /* Begin -- Remove this block if you are not using L-Comp. */
        LC_InitializeState();
        LC_CurrentCell = cellCurrent;
        /* End */

        /* TODO: Put local variables here. */

        /* TODO: Begin custom generator code.*/

        /* End custom generator code.*/
    }
Basic_main();
```

图 6-4 T-Cell 代码编辑窗口

```
        /* TODO: Put local variables here. */
        LCoord Wwidth,Lwidth;
        LPoint pt1,pt2;
        /* TODO: Begin custom generator code.*/
        Wwidth = LC_Microns(W);
        Lwidth = LC_Microns(L);
        pt1.x = - Wwidth / 2;
        pt1.y = - Lwidth / 2;
        pt2.x =   Wwidth / 2;
        pt2.y =   Lwidth / 2;
        { LC_CreateBox("Poly",pt1,pt2); }

        /* End custom generator code.*/
```

图 6-5 绘制矩形的完整源代码

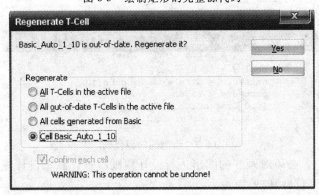

图 6-6 保存 T-Cell 文件询问对话框

2. 例化 T-Cell

新建一个单元,单击 Cell→Instance 命令,选择 Cell1,单击 OK 按钮,在出现的 T-Cell Parameter 对话框中输入相应的参数值,即可在当前单元中例化一个绘制的矩形。

3. 绘制多边形

多边形是由多个定点组成的。因此先定义一个 LCoord 型变量 Space，定义六个坐标变量 pn1、pn2、pn3、pn4、pn5、pn6，其数据类型为 LPoint。接着先用函数 LC_StartPolygon 指定绘图所需要的图层，然后用函数 LC_AddPolygonPoint 添加一系列的顶点，在此添加六个顶点，最后利用函数 LC_EndPolygon 结束多边形的绘制。具体绘制多边形的源代码如图 6-7 所示。

图 6-7　绘制多边形的源代码

4. 绘制直线

T-Cell 也可以创建直线，首先定义一个变量 Linewidth，其数据类型为 LCoord，然后继续创建三个坐标变量 p1、p2、p3，其数据类型为 LPoint，分别对这几个变量进行赋值。然后引用创建直线函数 LC_StartWire 指定图层，引用添加直线拐点函数 LC_AddWirePoint，坐标点分别为 p1、p2、p3，最后引用结束直线函数 LC_EndWire。绘制直线的源代码如图 6-8 所示。

5. 绘制圆

圆可以由圆心和半径定位。因此首先定义一个变量 radius，定义一个圆心点坐标变量 center，然后引用创建圆形函数 LC_CreateCircle。绘制圆的源代码如图 6-9 所示。

图 6-8　绘制直线的源代码

图 6-9　绘制圆的源代码

这里要注意的是，必须对画好的图形进行设计规则检查，熟悉设计规则的主要内容，为后面绘制 MOS 管版图打好基础。

6.2.2　基于 T-Cell 的 PMOS 管版图设计

利用 T-Cell 绘制 MOS 管的版图时，要注意对每一个区域的大小和面积都要加以考虑，下面以具体的操作为例进行演示。首先替换设置文件，实例文件为软件安装目录 \ Tanner-

Pro9 \ LEdit9.0 \ samples \ spr \ example1 下的 lights.tdb 文件。

1. 新建 Cell

新建一个单元，将其命名为 PMOS_T，再选择 T-Cell Parameters 标签，设定参数 W 和 L，默认值分别取 5 和 2，如图 6-10 所示。最后单击"确定"按钮，弹出 PMOS_T 的代码窗口，进行源代码的书写。

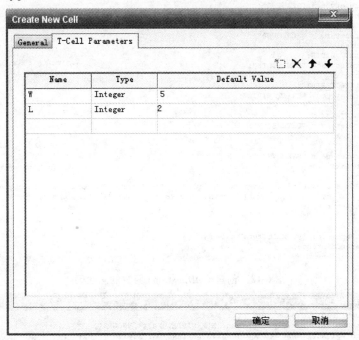

图 6-10　创建 PMOS 管的 T-Cell 参数设置

2. 创建变量

创建变量的源代码如图 6-11 所示，利用 LC_Microns 函数将参数 W 和 L 的值转换成以微米为单位，在 PMOS_T 的编辑区中，创建两个 LCoord 型变量 Width 和 Length，其中 Width 的值为 W 的值，Length 的值为 L 的值。

3. 创建 GetDimension 函数

GetDimension 函数可以传回所使用的设计规则规定的大小，其中 layer1 与 layer2 为设计规则中有关系的图层，如果规则中只有一种图层，则在函数中 layer2 的相对位置传入 NULL。具体创建 GetDimension 函数的源代码如图 6-12 所示。

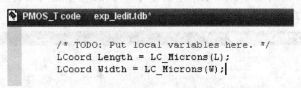

图 6-11　创建变量的源代码

接下来就可以使用 GetDimension 函数将前面考虑到的规则的数值传回。具体使用 GetDimension 函数传回数值的源代码如图 6-13 所示。

4. Active 图层

先考虑 PMOS 器件需要的 Active 图层的大小，因为在 Active 中要有一个有源区的接触孔，因此要考虑孔的大小和有源区包含孔的尺寸，即有源区的宽度最小等于孔的宽度加两倍有源区包含孔的大小。为了防止设计出的 Active 图层太小，通常会在源代码中再加入一个自

```
/* TODO: Put local functions here. */
LCoord GetDimension(LDrcRuleType rule,char *layer1,char *layer2)
{ LDesignRuleParam DrcParam;
  LDrcRule DrcRule = LDrcRule_Find(LC_CurrentFile,rule,layer1,layer2);
  if(!DrcRule)
    { char *ruletype;
    switch(rule)
      { case LSPACING:
          ruletype = "SPACING";
          break;
        case LSURROUND:
          ruletype = "SURROUND";
          break;
        case LMIN_WIDTH:
          ruletype = "MIN WIDTH";
          break;
        case LEXACT_WIDTH:
          ruletype = "EXACT WIDTH";
          break;
        case LEXTENSION:
          ruletype = "EXTENSION";
          break;
        default:
          ruletype = "UNKNOWN";
          break; }
    if(layer2)
      LDialog_MsgBox(LFormat("Missing DRC rule %s for layers '%s' and '%s'",ruletype,layer1,layer2));
      else LDialog_MsgBox(LFormat("Missing rule %s for layer '%s'",ruletype,layer1));
    LUpi_SetReturnCode(1);
    return 0;
    }
  LDrcRule_GetParameters(DrcRule,&DrcParam);
  return DrcParam.distance; }
```

图 6-12　创建 GetDimension 函数的源代码

```
/* TODO: Begin custom generator code.*/
LCoord PolyWidth = GetDimension(LMIN_WIDTH,"Poly",NULL);
LCoord PolyActiveExt = GetDimension(LEXTENSION,"Active","Poly");
LCoord ActiveSurroundCnt = GetDimension(LSURROUND,"Active Contact","field active");
LCoord CntWidth = GetDimension(LEXACT_WIDTH,"Active Contact",NULL);
LCoord M1SurroundCnt = GetDimension(LSURROUND,"Active Contact","Metal1");
LCoord PSelectSurroundActive = GetDimension(LSURROUND,"Active not in NPN","P Select");
LCoord WellSurroundpdiff = GetDimension(LSURROUND,"pdiff","N Well");
```

图 6-13　使用 GetDimension 函数传回数值的源代码

动判断程序，如果设定的值小于孔的宽度加两倍有源区包含孔的大小，则会给出一个错误的提示。判断参数值大小的源代码如图 6-14 所示。

```
if(Width<(CntWidth + 2*ActiveSurroundCnt))
  { LDialog_MsgBox(LFormat("Transistor too narrow. Min Width = %g",LC_InMicrons(CntWidth + 2*ActiveSurroundCnt)));
  LUpi_SetReturnCode(1);
  return; }
```

图 6-14　判断参数值大小的源代码

我们在此可以试验一下，在另外一个单元中例化刚才设计的单元 PMOS_T。在例化参数窗口中输入合适的数值，单击 OK 按钮，如果输入的宽度数值小于 5，则会给出一个错误提示，如输入一个数值 4 后会出现一个宽度值不符合要求时的提示，如图 6-15 所示。

宽度定好以后，考虑有源区的长度，在源区和漏区要各有一个孔区，则有源区的长度最少要有两个有源区孔和一个

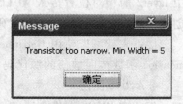

图 6-15　宽度值不符
合要求时的提示

沟道长度的尺寸。创建有源区的源代码如图 6-16 所示，定义两个变量 pt1_Active 和 pt2_Active，其数据类型为 LPoint，并定义其值。接着使用 LC_CreateBox 函数创建一个 Active 图层，其左下角坐标为 pt1_Active，右上角坐标为 pt2_Active。

PMOS_T code　exp_ledit.tdb

```
LPoint pt1_Active,pt2_Active;
pt1_Active.x = 0;
pt1_Active.y = 0;
pt2_Active.x = pt1_Active.x + Width;
pt2_Active.y = pt1_Active.y + 2*(CntWidth + 2*ActiveSurroundCnt) + Length;
{ LC_CreateBox("Active",pt1_Active,pt2_Active); }
```

图 6-16　创建有源区的源代码

5. Poly 层

设计规则要求绘制的 PMOS 管的 L 参数必须大于等于 Poly Width 的值，在此也需要加一个判断程序。判断 MOS 管栅长的源代码如图 6-17 所示。

PMOS_T code　exp_ledit.tdb

```
if(Length<PolyWidth)
  { LDialog_MsgBox(LFormat("Transistor is too short. Min Length = %g",LC_InMicrons(PolyWidth)));
    LUpi_SetReturnCode(1);
    return; }
```

图 6-17　判断 MOS 管栅长的源代码

绘制 Poly 层时首先要考虑栅区的大小，若栅区长度为 L，则其宽度要考虑延伸出有源区一定的距离，因此其宽度最小为两个栅区延伸有源区宽度加有源区自身的宽度。创建栅区的源代码如图 6-18 所示，定义两个坐标变量 pt1_Poly 和 pt2_Poly，并使用 LC_CreateBox 函数创建一个 Poly 图层。

PMOS_T code　exp_ledit.tdb

```
LPoint pt1_Poly,pt2_Poly;
pt1_Poly.x = pt1_Active.x - PolyActiveExt;
pt1_Poly.y = pt1_Active.y + CntWidth + 2*ActiveSurroundCnt;
pt2_Poly.x = pt1_Poly.x + 2*PolyActiveExt + Width;
pt2_Poly.y = pt1_Poly.y + Length;
{ LC_CreateBox("Poly",pt1_Poly,pt2_Poly); }
/* End custom generator code.*/
```

图 6-18　创建栅区的源代码

6. Active Contact 图层

在源漏区各需要一个孔区，大小为正方形 CntWidth × CntWidth，并且 Active Contact 与 Active 要遵守环绕规则，Active Contact 距离 Active 边缘不能小于 ActiveSurroundCnt。创建有源区孔的源代码如图 6-19 所示，定义四个坐标变量 pt1_AcCnt、pt2_AcCnt、pt3_AcCnt、pt4_AcCnt，其数据类型为 LPoint，然后用 LC_CreateBox 函数创建两个 Active Contact 图层，其中一个的两个点为 pt1_AcCnt、pt2_AcCnt，另外一个的两个点为 pt3_AcCnt、pt4_AcCnt，需要详细计算其点坐标的值。

7. Metal1 图层

考虑图层的大小，源漏区的两个接触孔都要包含在两个金属层中，而且金属层与孔层边缘的间距要符合环绕规则。创建金属层的源代码如图 6-20 所示，定义四个坐标变量：pt1_Metal1、pt2_Metal1、pt3_Metal1、pt4_Metal1，然后用 LC_CreateBox 函数创建两个 Metal1 图层，其中一个的两个点为 pt1_Metal1、pt2_Metal1，另外一个的两个点为 pt3_Metal1、pt4_

```
 PMOS_T code   exp_ledit.tdb
        LPoint pt1_AcCnt,pt2_AcCnt,pt3_AcCnt,pt4_AcCnt;
        pt1_AcCnt.x = pt1_Active.x + ActiveSurroundCnt;
        pt1_AcCnt.y = pt1_Active.y + ActiveSurroundCnt;
        pt2_AcCnt.x = pt1_AcCnt.x + CntWidth;
        pt2_AcCnt.y = pt1_AcCnt.y + CntWidth;
        LC_CreateBox("Active Contact",pt1_AcCnt,pt2_AcCnt);
        pt4_AcCnt.x = pt2_Active.x - ActiveSurroundCnt;
        pt4_AcCnt.y = pt2_Active.y - ActiveSurroundCnt;
        pt3_AcCnt.x = pt4_AcCnt.x - CntWidth;
        pt3_AcCnt.y = pt4_AcCnt.y - CntWidth;
        LC_CreateBox("Active Contact",pt3_AcCnt,pt4_AcCnt);
        /* End custom generator code.*/
```

图 6-19　创建有源区孔的源代码

Metal1，具体数值要详细计算。

```
 PMOS_T code   exp_ledit.tdb
        LPoint pt1_Metal1,pt2_Metal1,pt3_Metal1,pt4_Metal1;
        pt1_Metal1.x = pt1_AcCnt.x - M1SurroundCnt;
        pt1_Metal1.y = pt1_AcCnt.y - M1SurroundCnt;
        pt2_Metal1.x = pt2_AcCnt.x + M1SurroundCnt;
        pt2_Metal1.y = pt2_AcCnt.y + M1SurroundCnt;
        { LC_CreateBox("Metal1",pt1_Metal1,pt2_Metal1); }
        pt3_Metal1.x = pt3_AcCnt.x - M1SurroundCnt;
        pt3_Metal1.y = pt3_AcCnt.y - M1SurroundCnt;
        pt4_Metal1.x = pt4_AcCnt.x + M1SurroundCnt;
        pt4_Metal1.y = pt4_AcCnt.y + M1SurroundCnt;
        { LC_CreateBox("Metal1",pt3_Metal1,pt4_Metal1); }
```

图 6-20　创建金属层的源代码

8. P Select 图层

考虑 PMOS 器件需要的 P Select 图层的大小，P Select 图层要包含 Active 区域，并且要符合环绕规则，Active 距离 P Select 边缘不能小于 PselectSurroundActive。创建 P Select 层的源代码如图 6-21 所示，定义两个坐标变量 pt1_P_Select、pt2_P_Select，计算其数值，然后使用 LC_CreateBox 函数创建一个矩形。

```
 PMOS_T code   exp_ledit.tdb*
        LPoint pt1_P_Select,pt2_P_Select;
        pt1_P_Select.x = pt1_Active.x - PSelectSurroundActive;
        pt1_P_Select.y = pt1_Active.y - PSelectSurroundActive;
        pt2_P_Select.x = pt2_Active.x + PSelectSurroundActive;
        pt2_P_Select.y = pt2_Active.y + PSelectSurroundActive;
        { LC_CreateBox("P Select",pt1_P_Select,pt2_P_Select); }
```

图 6-21　创建 P Select 层的源代码

9. N Well 图层

考虑阱区图层的大小，N Well 要包含 P Select 与 Active 区域。需要注意的是，Active 与 P Select 交集处被定义为 pdiff 层，pdiff 层与 N Well 也要有一个环绕规则需要遵守，在 N Well 内 pdiff 的边界与 N Well 的边界至少要距离 WellSurroundpdiff。创建 N Well 的源代码如图 6-22 所示，先定义两个坐标变量 pt1_N_Well、pt2_N_Well，计算其数值，然后使用 LC_CreateBox 函数创建一个矩形。

10. 保存

所有的源代码编写好以后，要进行保存。如果代码有错误，会出现一个源代码错误信息

第6章 版图设计

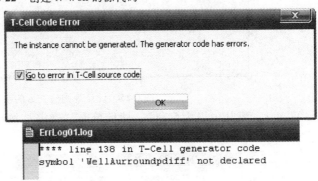

图 6-22 创建 N Well 的源代码

提示，如图 6-23 所示，这时要根据错误提示找到错误行并修改代码。重复该步骤，直到没有错误为止。

11. 例化

所有的源代码没有错误以后，在单元中例化这个 T-Cell，PMOS 管的最终效果图如图 6-24 所示。

12. 设计规则检查

完成绘图后要对所绘的版图执行设计规则检查。执行 DRC 操作，设计规则检查后的错误信息会自动列出如图 6-25 所示。

由错误信息可以看出，违反的设计规则是 6.4 有源区孔到栅的间距，规则规定的数值为 2 Lambda，实际绘制的版图中有两个位置是 1.5 Lambda。在 DRC Error Navigator 窗口中单击具体的错误，可以在版图中进行错误位置的定位。

针对上述错误，首先增加一个变量定义，LCoord Activegate1Space = GetDimension (LSPACING，" Active Contact "，" gate1 ")，然后把有源区的 pt2_Active.y 修改为 "pt2_Active.y = pt1_Active.y + 2 * (CntWidth + ActiveSurroundCnt + ActiveGateSpace) + Length"，把栅区的 pt1_Poly.y 修改为 "pt1_Poly.y = pt1_Active.y + CntWidth + ActiveSurroundCnt + ActiveGateSpace"，保存后再进行设计规则检查会发现没有错误了。

6.2.3 基于 T-Cell 的 NMOS 管版图设计

在 CMOS 集成电路中，除了有 PMOS 管以外，

图 6-23 源代码错误信息提示

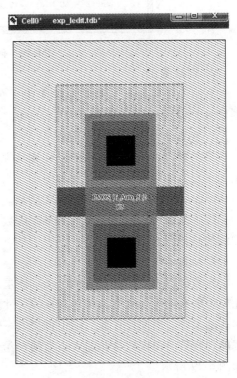

图 6-24 PMOS 管的最终效果图

还要用到 NMOS 管，NMOS 管比 PMOS 管少了一个 N 阱，因此在设计上要稍微简单一些。

1. 新建单元

首先新建一个单元，命名为 NMOS_T，然后单击 T-Cell Parameters 标签，分别定义两个

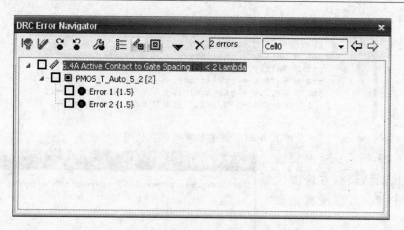

图 6-25　设计规则检查后的错误信息

参数 W 和 L，默认值设为 5 和 2，然后单击"确定"按钮。创建宽长变量的源代码如图 6-26 所示。

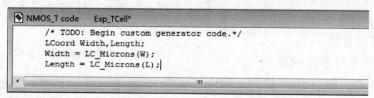

图 6-26　创建宽长变量的源代码

2. 创建变量

利用 LC_Microns 函数将参数 W 和 L 的值转换成以微米为单位，在 PMOS_T 的编辑区中，创建两个 LCoord 型变量 Width 和 Length，其中 Width 的值为 W 的值，Length 的值为 L 的值。

3. 创建 GetDimension 函数

该函数可以传回所使用的设计规则规定的大小，其中 layer1 与 layer2 为设计规则中有关系的图层，如果规则中只有一种图层，则在函数中 layer2 的相对位置传入 NULL。具体创建 GetDimension 函数源代码如图 6-27 所示。

接下来就可以使用 GetDimension 函数将前面考虑到的规则数值传回，具体返回规则数值的源代码如图 6-28 所示。

4. Active 图层

先考虑 NMOS 器件需要的 Active 图层的大小，在 Active 中要有一个有源区的接触孔，因此要考虑孔的大小和有源区包含孔的尺寸，即有源区的宽度最小为孔的宽度加两倍有源区包含孔的大小。因此要在源代码中再加入一个自动判断程序，如果设定有源区的宽度小于孔的宽度加两倍有源区包含孔的大小，则会给出错误的提示。具体判断参数值 W 大小的源代码如图 6-29 所示。

宽度定好以后，考虑有源区的长度，在源区和漏区要各有一个孔区，则有源区的长度最少要有两个有源区孔和一个沟道长度的尺寸。创建 NMOS 管有源区的源代码如图 6-30 所示，定义两个变量 pt1_active 和 pt2_active，其数据类型为 LPoint，并定义其值。接着使用 LC_CreateBox 函数创建一个 Active 图层，其左下角坐标为 pt1_Active，右上角坐标为 pt2_Active。

第 6 章 版图设计

```
NMOS_T* code    Exp_TCell*
LCoord GetDimension(LDrcRuleType rule,char *layer1,char *layer2)
{
    LDesignRuleParam DrcParam;
    LDrcRule DrcRule = LDrcRule_Find(LC_CurrentFile,rule,layer1,layer2);
    if(!DrcRule)
    {
        char * ruletype;
        switch(rule)
        {
        case LSPACING:
            ruletype="SPACING";
            break;
        case LSURROUND:
            ruletype="SURROUND";
            break;
        case LMIN_WIDTH:
            ruletype="MIN WIDTH";
            break;
        case LEXACT_WIDTH:
            ruletype="EXACT WIDTH";
            break;
        case LEXTENSION:
            ruletype="EXTENSION";
            break;
        default:
            ruletype="UNKNOWN";
            break;
        }
        if(layer2)
            LDialog_MsgBox(LFormat("Missing DRC rule %s for layers '%s' and '%s'",ruletype,layer1,layer2));
        else
            LDialog_MsgBox(LFormat("Missing DRC rule %s for layers '%s'",ruletype,layer1));
        LUpi_SetReturnCode(1);
        return 0;
    }
    LDrcRule_GetParameters(DrcRule,&DrcParam);
    return DrcParam.distance;
}
```

图 6-27　创建 GetDimension 函数源代码

```
NMOS_T code    Exp_TCell
    LCoord PolyWidth,PolyActiveExt,ActiveSurroundCnt,CntWidth;
    LCoord M1SurroundCnt,NSelectSurroundActive,Activegate1Space;
    PolyWidth = GetDimension(LMIN_WIDTH,"Poly",NULL);
    PolyActiveExt=GetDimension(LEXTENSION,"Active","Poly");
    ActiveSurroundCnt=GetDimension(LSURROUND,"Active Contact","field active");
    CntWidth=GetDimension(LEXACT_WIDTH,"Active Contact",NULL);
    M1SurroundCnt=GetDimension(LSURROUND,"Active Contact","Metal1");
    NSelectSurroundActive=GetDimension(LSURROUND,"Active not in NPN","N Select");
    //WellSurroundpdiff=GetDimension(LSURROUND,"pdiff","N Well");
    Activegate1Space = GetDimension(LSPACING,"Active Contact","gate1");
```

图 6-28　返回规则数值的源代码

```
NMOS_T code    Exp_TCell
    if(Width<(CntWidth + 2 * ActiveSurroundCnt))
    {
        LDialog_MsgBox(LFormat("Transistor too narrow. Min Width = %g",
                LC_InMicrons(CntWidth + 2 * ActiveSurroundCnt)));
        LUpi_SetReturnCode(1);
        return;
    }
```

图 6-29　判断参数值 W 大小的源代码

5. Poly 图层

NMOS 管的 L 参数必须大于等于"PolyWidth",因此要再加一个判断程序。判断 NMOS 管栅长的源代码如图 6-31 所示。

NMOS_T code Exp_TCell

```
LPoint pt1_Active,pt2_Active;
pt1_Active.x=0;
pt1_Active.y=0;
pt2_Active.x=pt1_Active.x+Width;
pt2_Active.y=pt1_Active.y+2*(CntWidth+ActiveSurroundCnt+Activegate1Space)+Length;
LC_CreateBox("Active",pt1_Active,pt2_Active);
```

图 6-30 创建 NMOS 管有源区的源代码

NMOS_T code Exp_TCell*

```
if(Length<PolyWidth)
{
    LDialog_MsgBox(LFormat("Transistor too short. Min Length = %g",
                   LC_InMicrons(PolyWidth)));
    LUpi_SetReturnCode(1);
    return;
}
```

图 6-31 判断 NMOS 管栅长的源代码

绘制 Poly 层时首先考虑栅区的大小，若栅区长度为 L，则其宽度要考虑延伸出有源区一定的距离，因此其宽度最小为两个栅区延伸有源区 + 有源区的宽度。创建 NMOS 管栅区的源代码如图 6-32 所示，定义两个坐标变量 pt1_Poly 和 pt2_Poly，并使用 LC_CreateBox 函数创建一个 Poly 图层。

NMOS_T code Exp_TCell

```
LPoint pt1_Poly,pt2_Poly;
pt1_Poly.x=pt1_Active.x-PolyActiveExt;
pt1_Poly.y=pt1_Active.y+CntWidth+ActiveSurroundCnt+Activegate1Space;
pt2_Poly.x=pt1_Poly.x+2*PolyActiveExt+Width;
pt2_Poly.y=pt1_Poly.y+Length;
LC_CreateBox("Poly",pt1_Poly,pt2_Poly);
```

图 6-32 创建 NMOS 管栅区的源代码

6. Active Contact 图层

在源漏区各需要一个孔区，大小为正方形 CntWidth × CntWidth，并且 Active Contact 与 Active 要遵守环绕规则，Active Contact 距离 Active 边缘不能小于 ActiveSurroundCnt。创建 NMOS 管有源区孔的源代码如图 6-33 所示，定义四个坐标变量：pt1_AcCnt、pt2_AcCnt，pt3_AcCnt，pt4_AcCnt，其数据类型为 LPoint，然后用 LC_CreateBox 函数创建两个 Active

NMOS_T code Exp_TCell

```
LPoint pt1_AcCnt,pt2_AcCnt,pt3_AcCnt,pt4_AcCnt;
pt1_AcCnt.x=pt1_Active.x+ActiveSurroundCnt;
pt1_AcCnt.y=pt1_Active.y+ActiveSurroundCnt;
pt2_AcCnt.x=pt1_AcCnt.x+CntWidth;
pt2_AcCnt.y=pt1_AcCnt.y+CntWidth;
LC_CreateBox("Active Contact",pt1_AcCnt,pt2_AcCnt);
pt4_AcCnt.x=pt2_Active.x-ActiveSurroundCnt;
pt4_AcCnt.y=pt2_Active.y-ActiveSurroundCnt;
pt3_AcCnt.x=pt4_AcCnt.x-CntWidth;
pt3_AcCnt.y=pt4_AcCnt.y-CntWidth;
LC_CreateBox("Active Contact",pt3_AcCnt,pt4_AcCnt);
```

图 6-33 创建 NMOS 管有源区孔的源代码

Contact 图层，其中一个的两个点为 pt1_AcCnt、pt2_AcCnt，另外一个的两个点为 pt3_AcCnt、pt4_AcCnt，需要详细计算其点坐标的值。

7. Metal1 图层

考虑图层的大小，源漏区的两个接触孔都要包含在两个金属层中，而且金属层与孔层边缘的间距要符合环绕规则。创建 NMOS 管金属层的源代码如图 6-34 所示，定义四个坐标变量：pt1_Metal1、pt2_Metal1、pt3_Metal1、pt4_Metal1，然后用 LC_CreateBox 函数创建两个 Metal1 图层，其中一个的两个点为 pt1_Metal1、pt2_Metal1，另外一个的两个点为 pt3_Metal1、pt4_Metal1，具体数值要详细计算。

```
NMOS_T code    Exp_TCell
    LPoint pt1_Metal1,pt2_Metal1,pt3_Metal1,pt4_Metal1;
    pt1_Metal1.x=pt1_AcCnt.x-M1SurroundCnt;
    pt1_Metal1.y=pt1_AcCnt.y-M1SurroundCnt;
    pt2_Metal1.x=pt2_AcCnt.x+M1SurroundCnt;
    pt2_Metal1.y=pt2_AcCnt.y+M1SurroundCnt;
    LC_CreateBox("Metal1",pt1_Metal1,pt2_Metal1);
    pt3_Metal1.x=pt3_AcCnt.x-M1SurroundCnt;
    pt3_Metal1.y=pt3_AcCnt.y-M1SurroundCnt;
    pt4_Metal1.x=pt4_AcCnt.x+M1SurroundCnt;
    pt4_Metal1.y=pt4_AcCnt.y+M1SurroundCnt;
    LC_CreateBox("Metal1",pt3_Metal1,pt4_Metal1);
```

图 6-34 创建 NMOS 管金属层的源代码

8. N Select 图层

考虑 NMOS 器件需要的 N Select 图层的大小，N Select 图层要包含 Active 区域，并且要符合环绕规则，Active 距离 N Select 边缘不能小于 NselectSurroundActive。创建 NSelect 层的源代码如图 6-35 所示，定义两个坐标变量 pt1_N_Select、pt2_N_Select，计算其数值，然后使用 LC_CreateBox 函数创建一个矩形。

```
NMOS_T code    Exp_TCell
    LPoint pt1_N_Select,pt2_N_Select;
    pt1_N_Select.x=pt1_Active.x-NSelectSurroundActive;
    pt1_N_Select.y=pt1_Active.y-NSelectSurroundActive;
    pt2_N_Select.x=pt2_Active.x+NSelectSurroundActive;
    pt2_N_Select.y=pt2_Active.y+NSelectSurroundActive;
    LC_CreateBox("N Select",pt1_N_Select,pt2_N_Select);
   /* End custom generator code.*/
```

图 6-35 创建 NSelect 层的源代码

9. 保存

所有的源代码编写好以后，要进行保存。如果代码有错误，会给出相关的错误提示信息。根据错误提示进行修改，直到没有错误为止。

10. 例化

所有的源代码没有错误以后，在单元中例化这个 T-Cell，NMOS 管的最终效果图如图 6-36 所示。

11. 设计规则检查

最后一步要对所绘的版图执行设计规则检查。执行 DRC 操作，如果没有错误即可。

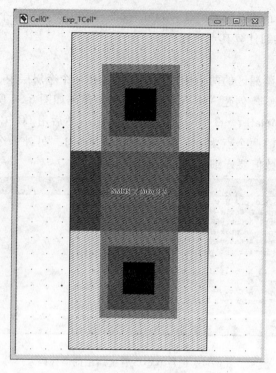

图 6-36 NMOS 管的最终效果图

6.3 CMOS 反相器的版图设计与仿真

简单的 CMOS 反相器主要由一个 PMOS 管和一个 NMOS 管组成,本节主要是根据版图设计规则用绘图工具直接设计绘制 CMOS 反相器的版图,先不用 T-Cell 的形式。

1. 替换设置

首先要替换所用工艺对应的相关设置。实例文件为软件安装目录 \ TannerPro9 \ LEdit9.0 \ samples \ spr \ example1 下的 lights.tdb 文件。其他相关的设置可以根据自己的习惯和爱好进行基本环境设置。

2. 绘制 PMOS 管

(1) 绘制 N Well 图层

首先了解和 N Well 有关的规则的具体数据。查看规则 1.1 可知,阱区的最小宽度为 $10\mu m$。选择图层 N Well,选择矩形工具,在绘图区绘制一个 $24\mu m \times 15\mu m$ 的矩形。

绘制好后可以利用命令查看对应的截面图。单

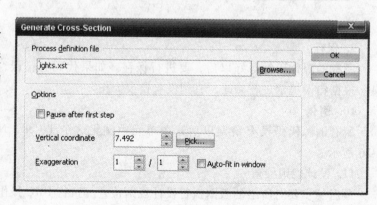

图 6-37 查看截面设置

击 Tools→Cross Section 命令，弹出查看截面设置对话框，如图 6-37 所示，在 Process definition file 文本框中输入 lights.xst 文件（...\TannerPro9\LEdit9.0\samples\spr\example1\lights.xst），然后单击 Pick 按钮，在绘图区单击选中要观察的位置（不是框选），再单击 OK 按钮，则会出现 N Well 截面图，如图 6-38 所示。

（2）绘制有源区图层

首先了解和有源区有关的设计规则。查看规则 2.1 可知有源区的

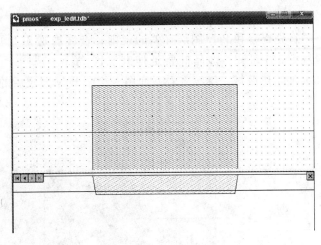

图 6-38　N Well 截面图

最小宽度为 $3\mu m$。选择图层 Active，选择矩形工具，在绘图区绘制 $14\mu m \times 5\mu m$ 的矩形区域，注意有源区在阱区中的位置。绘制好有源区的版图如图 6-39 所示。

（3）绘制 P Select 图层

绘制好 Active 区域后，需要加一层 P Select 层，首先确认和该层有关的规则。查看规则 4.2b 可知 P Select 层要环绕 Active 层的大小为 $2\mu m$。查看规则 2.3 可知 Nwell 与 Active（Pdiff）环绕的最小尺寸为 $5\mu m$。选中 P Select 图层按钮工具，绘制一个 $18\mu m \times 9\mu m$ 的矩形区域。画好后继续查看截面图，绘制 P Select 后的版图及截面图如图 6-40 所示。

图 6-39　绘制好有源区的版图

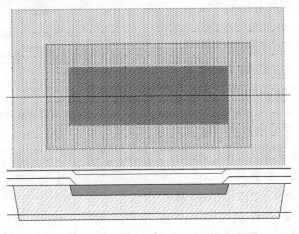

图 6-40　绘制 P Select 后的版图及截面图

(4) 绘制 Poly 图层

首先查看和 Poly 图层有关的规则，查看规则 3.1 可知，Poly 层的最小宽度为 $2\mu m$，查看规则 3.3 可知，多晶硅要延伸有源区 $2\mu m$。选中 Poly 图层按钮工具，绘制一个 $2\mu m \times 9\mu m$ 的矩形区域。继续查看截面图，绘制 Poly 图层后的版图及截面图如图 6-41 所示。

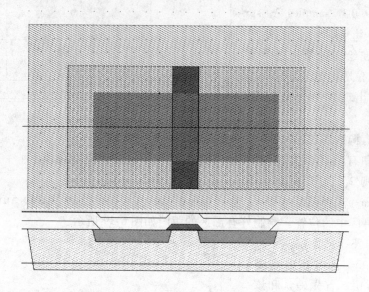

图 6-41　绘制 Ploy 图层后的版图及截面图

(5) 绘制 Active Contact 图层

PMOS 的源极与漏极区各要接上电极才能在其上施加电压，因此要先绘制一个为金属准备的孔层。首先查看与 Active Contact 相关的规则，查看规则 6.1A，可知孔的最小宽度为 $2\mu m$，绘制两个有源区的孔。还要注意其他的与有源区孔有关的规则，例如规则 6.2A，有源区与孔有一个环绕规则。选择 Active Contact 图层按钮，绘制两个 $2\mu m \times 2\mu m$ 的矩形区域，注意左右两边各有一个孔。绘制完有源区孔的版图及截面图如图 6-42 所示。

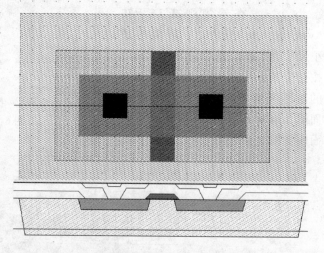

图 6-42　绘制完有源区孔的版图及截面图

(6) 绘制金属层

首先查看与金属有关的规则，规则 7.1 规定金属的最小宽度为 $3\mu m$，规则 7.4 规定金属环绕孔的最小尺寸为 $1\mu m$。选择图层板中的 Metal 图层按钮，绘制两个 $4\mu m \times 4\mu m$ 的金属图层区域，注意金属区域要包含孔。绘制完金属图层的版图及截面图如图 6-43 所示。

(7) 设计规则检查

全部绘制好以后，对版图进行设计规则检查，直到没有错误，将结果保存。

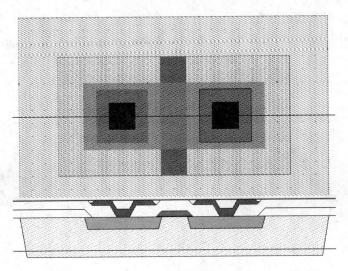

图 6-43 绘制完金属图层的版图及截面图

3. 绘制 NMOS 管

利用同样的操作方式绘制一个 NMOS 管，器件的尺寸如下：有源区的尺寸为 14μm × 5μm，多晶硅的尺寸为 2μm × 9μm，N Select 的尺寸为 18μm × 9μm，有源区孔的尺寸为 2μm × 2μm，金属的尺寸为 4μm × 4μm，注意各个区域的排放与 PMOS 管基本一样。NMOS 管的最终版图和截面图如图 6-44 所示。

4. 绘制反相器版图

1）新建一个单元，命名为 inv，例化一个 PMOS 和一个 NMOS 器件，如图 6-45 所示。接着进行设计规则检查，如果有错误则需要修改。此处比较容易出现的错误是 NMOS 管的有源区与 N 阱区的间距，根据规则 2.3b 可以知道源漏区与阱区的最小间距为 5μm，因此只要合理摆放两个管子即可。

2）由于 PMOS 管的 N 阱区需要连接电源，因此要在 N Well 上建立一个欧姆节点。PMOS 基体节点元器件版图及截面图如图 6-46 所示。首先新建一个单元，命名为 Basecontactp，然后在绘图区

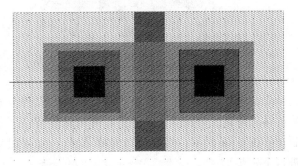

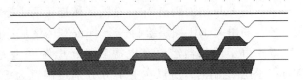

图 6-44 NMOS 管的最终版图和截面图

设计该元器件。先在 N Well 上制作一个 N 型扩散区，再利用 Active Contact 将金属线连接至此 N 型扩散区。N 型扩散区必须在 N Well 图层上绘出 Active 图层与 N Select 图层，再加上 Active Contact 图层与 Metal1 图层。Nwell 的尺寸为 15μm × 15μm，Active 的尺寸为 5μm × 5μm，NSelect 的尺寸为 9μm × 9μm，ActiveContact 的尺寸为 2μm × 2μm，Metal1 的尺寸为 4μm × 4μm。

3）由于 NMOS 的体区也需要接地，因此在 P 型衬底上也要建立一个欧姆节点。NMOS

基体节点元器件版图及截面图如图6-47所示。首先继续新建一个单元，命名为"Basecontactn"，然后在绘图区设计该元器件。先绘制一个Pselect区域，再利用Active Contact将金属线连接至此P型扩散区。其中Pselect区域的尺寸为9μm×9μm，Active的尺寸为5μm×5μm，ActiveContact的尺寸为2μm×2μm，Metal1的尺寸为4μm×4μm。

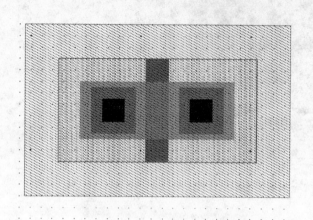

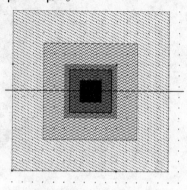

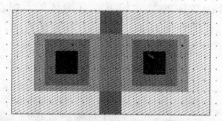

图6-45 例化NMOS和PMOS管

图6-46 PMOS基体节点元器件版图及截面图

4）例化两个节点元器件，并把两个元器件分别放在相应的体区附近，并完全"连接"。例化基体节点元器件后的版图如图6-48所示，接着进行DRC操作，如果没有错误则进行下一步。

5）用Poly图层画出2μm宽的区域连接两个栅极。

6）利用Metal1图层绘制一个4μm宽的区域连接漏极。

7）由于反相器需要有电源和地，电源和地是用金属Metal1图层绘制的，所以在上下方分别绘制宽为39μm、高为5μm的电源图样。绘制电源线后的版图如图6-49所示，接着进行DRC检查，如果没有错误则进行下一步。

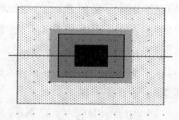

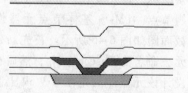

8）单击插入节点按钮，再到编辑区用左键拖出一个与上方电源一样的39μm×5μm的区域后，会出现一个Edit Object添加节点端口的对话框，如图6-50所示，在Port name中输入Vdd，并选择文本的具体位置，单击确定按钮。用同样的方法绘制一个GND。然后利用金属图层Metal1连接相应的区域，电源连接BaseContactP的接触点，地连接BaseContactN的接触点，并把管子的源极连接电源和地。完成连接后的版图如图6-51所示。

图6-47 NMOS基体节点元器件版图及截面图

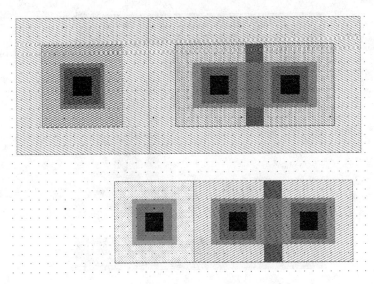

图 6-48 例化基体节点元器件后的版图

9) 由于反相器有一个输入端口,且输入信号是从栅极 Poly 输入,而本例是采用 MOSIS/Orbit 工艺,其输入输出信号由 Metal2 传入,因此还需要绘制一个 Metal2 图层、Via 图层、Metal1 图层、Poly Contact 图层和 Poly 图层。

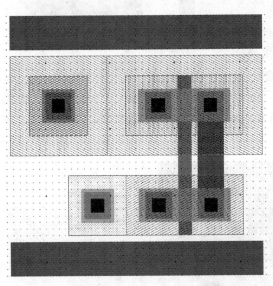

图 6-49 绘制电源线后的版图

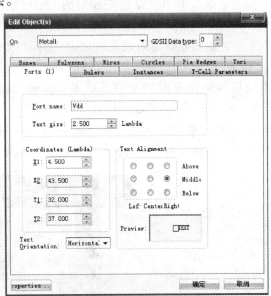

图 6-50 添加节点端口

输入端口的版图如图 6-52 所示。首先按先后顺序依次绘制以下图层:PolyContact 的尺寸为 $2\mu m \times 2\mu m$,Poly 的尺寸为 $5\mu m \times 5\mu m$,Metal1 的尺寸为 $10\mu m \times 4\mu m$,Via 的尺寸为 $2\mu m \times 2\mu m$(注意 Via 与 Metal1 之间的间距要求),Metal2 的尺寸为 $4\mu m \times 4\mu m$。接着进行群组并将其放到合适的位置,注意与其他图层的关系。在这个过程中需要不断进行 DRC 操作,没有错误才能继续进行下一步操作。选中图层 Metal2,单击绘制端口按钮,在编辑窗口中绘制一个 $4\mu m \times 4\mu m$ 的区域,在 PortName 中输入 A,单击 OK 按钮。

10) 输出信号从漏极输出,由于采用 MOSIS/Orbit 工艺,因此也要通过 Metal2 输出信

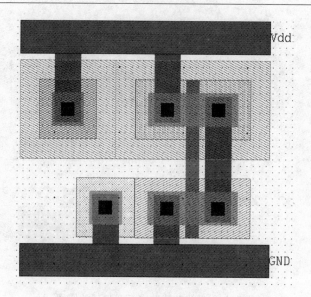

图 6-51 完成连接后的版图

号。先绘制 Via 图层，尺寸为 $2\mu m \times 2\mu m$，再绘制 Metal2 图层，尺寸为 $4\mu m \times 4\mu m$，最后利用 Metal2 图层绘制端口 OUT。最终完成后的 CMOS 反相器的版图如图 6-53 所示。

11）将反相器布局成果转化为 T-Spice 文件，单击 Tools→Extract 命令，如图 6-54 所示，在弹出的输出结果转化设定对话框中，单击 Browers 按钮，找

图 6-52 输入端口的版图

light. ext 文件（…\ TannerPro9 \ LEdit9.0 \ samples \ spr \ example1 \ light. ext）。再到 Output 标签中，在 Write nodes and devices as 选项组中选中 Names 单选按钮，即设定输出节点以名字出现，然后添加模型文件，在 SPICE include statement 文本框中输入包含模型文件

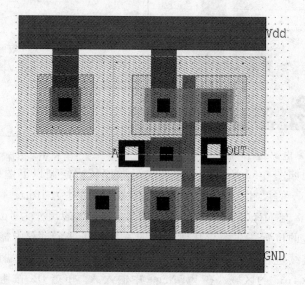

图 6-53 CMOS 反相器的版图

ml2_125.md 的命令，如 ".include … \ TannerPro9 \ TSpice7.0 \ models \ ml2_125.md"，然后单击 Run 按钮，得到 inv.spc 文件，再用 T-Spice 进行仿真设定。

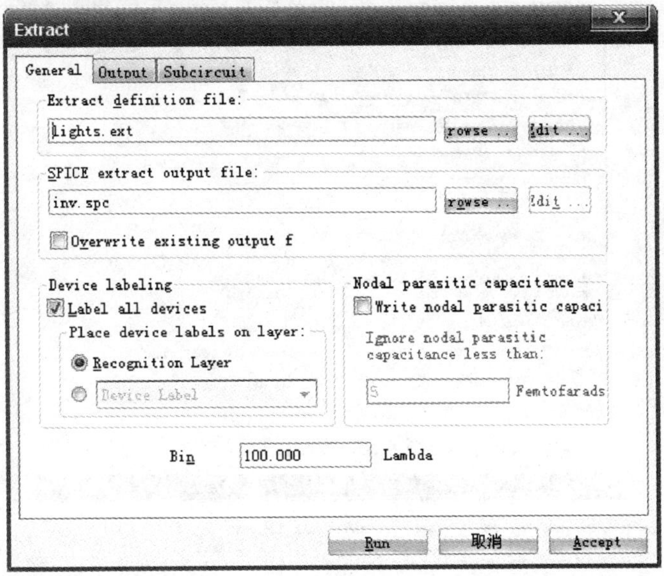

图 6-54 输出结果转化设定

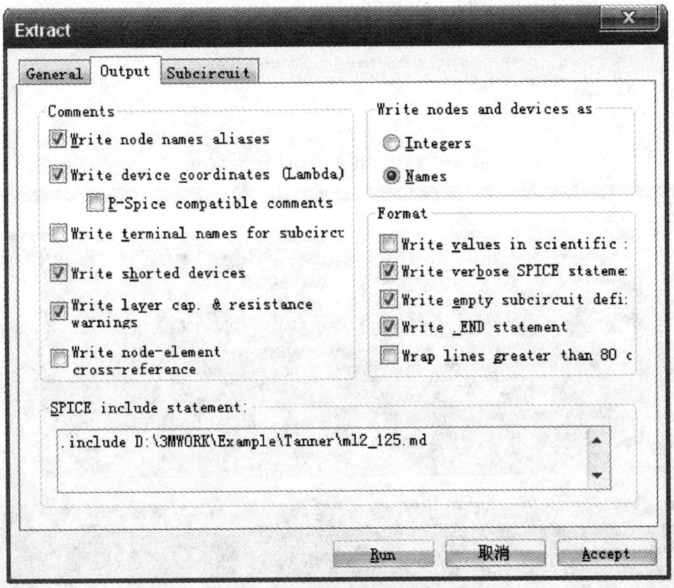

转化结果可以利用 File→Open 命令打开，输出结果如图 6-55 所示。

12) 反相器版图输出结果文件 inv.spc 可以用 T-Spice 软件打开，并进行相关的设定来进行仿真。仿真设定可以参考以前学习过的内容，反相器瞬时分析设定如图 6-56 所示，主要是加载包含文件、电源电压 Vdd 设定、输入信号 A 的设定、瞬时分析设定、输出设定。反相器瞬时仿真结果如图 6-57 所示。

图 6-55　输出结果

图 6-56　反相器瞬时分析设定

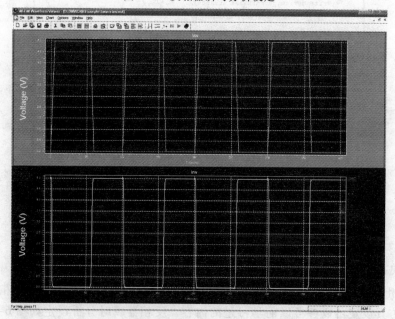

图 6-57　反相器瞬时仿真结果

6.4 版图与电路图一致性检查

版图设计好以后,还要确认版图与电路图所对应的电路是否一致,即两个电路要一样,实现同样的功能。从开始菜单中找到快捷方式打开 LVS 程序。

1. 修改网表文件

对比电路实际就是要对比对应的网表文件 inv.sp 和 inv.spc。单击 File→Open 命令打开对话框,分别找到两个以前做过的 inv.sp 和 inv.spc 文件。然后修改文件中的内容,修改后的两个网表文件如图 6-58 所示,在 .include 语句的前面加一个"*",把该行注释掉。

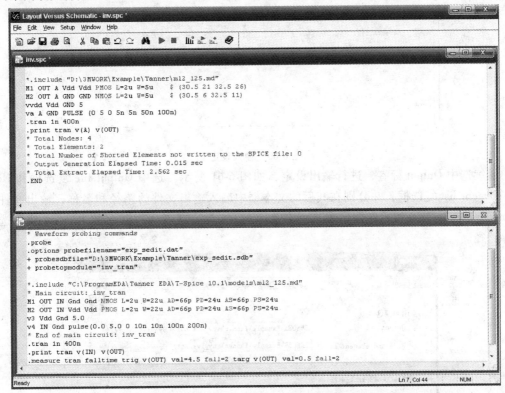

图 6-58 修改后的两个网表文件

2. 打开 LVS 新文件

单击 File→New 命令,出现新建 LVS 文件对话框,如图 6-59 所示,选择其中的 LVS Setup,单击 OK 按钮。

3. 文件设定

在上一步操作后出现的 Setup1 对话框中选择 Input 标签,进行输入设定,如图 6-60 所示。在 Input Files 选项组的 Layout netlist 文本框中输入从 L-Edit 转化出来的 inv.spc 文件的路径和名称,在

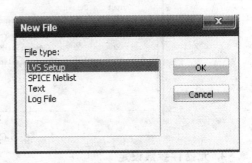

图 6-59 新建 LVS 文件

Schematic netlist 文本框中输入从 S-Edit 转化来的 inv.sp 文件的路径和名称,或者通过其后的

Browers 按钮找到相应的文件。

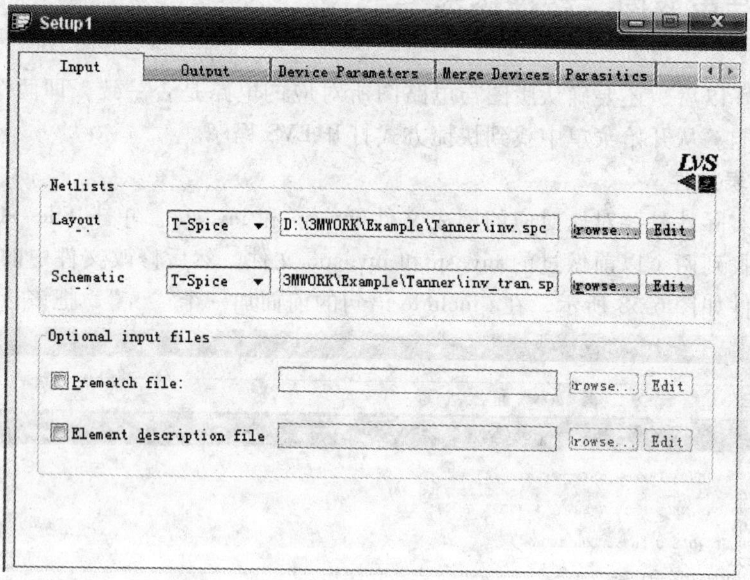

图 6-60 输入设定

继续选中 Output 标签，进行输出设定，如图 6-61 所示。选中 Output file 复选框和 Node and element list 复选框，并分别在其后的文本框中输入输出文件的路径和名称，输出文件名为 inv_lvs.out，节点和元器件列表文件名为 inv_lvx.lst，或者通过其后的 Browers 按钮选择保存路径。

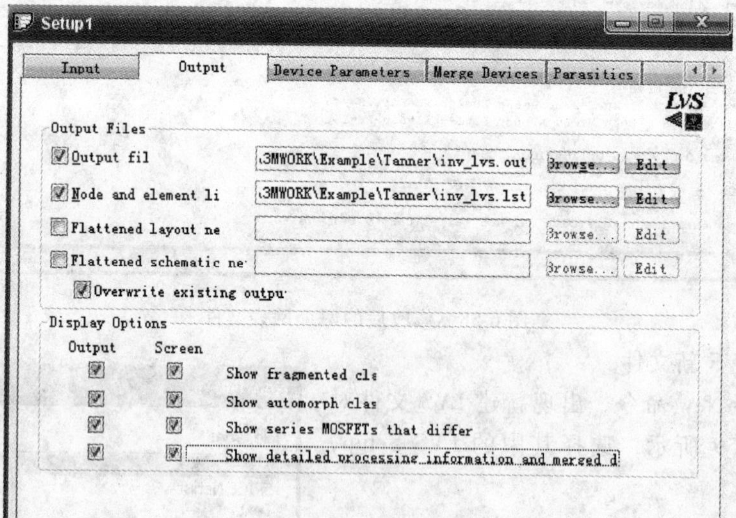

图 6-61 输出设定

4. 元器件参数设定

选中 Device Parameters 标签，进行元器件参数设定，如图 6-62 所示。在 MOSFET Elements 选项组中选中 Lengths and widths 复选框。

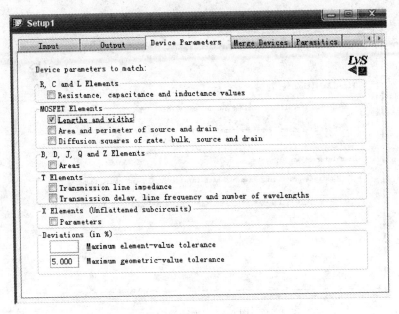

图 6-62　元器件参数设定

5. 选项设定

选中 Options 标签，进行选项设定，如图 6-63 所示。在 Device Terminals 选项组中选中 Consider M_bulk terminals and B，J，Q，Z substrate terminals 复选框。

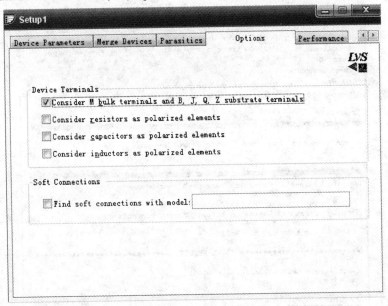

图 6-63　选项设定

6. 执行设定

选中 Performance 标签，进行执行设定，如图 6-64 所示。在 First Partitioning 选项组中选中 Normal iteration：consider fanout and element type 单选按钮。

7. 存储文件

设定完成后，存储 LVS 的设定，单击 File→Save 命令，存储文件名为 inv_lvs.vdb。

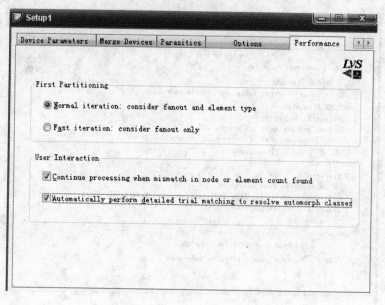

图 6-64 执行设定

8. 执行对比

选择 Verification→Run 选项进行对比，对比结果会直接显示出来。LVS 执行结果如图 6-65 所示，运行结果显示两个警告：这两个反相器的 MOS 管的宽长比不同。

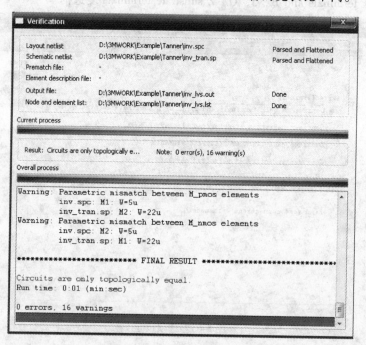

图 6-65 LVS 执行结果

9. 修改电路

修改反相器的版图，使另一个 MOS 管的参数 W 也为 22u，再继续进行 LVS 操作，直到最终的结果一致。

6.5　标准单元的版图设计

在集成电路的半定制设计方法中，比较常用的是标准单元设计方法和门阵列设计方法。所谓的标准单元就是利用标准元器件库中的元器件，这些元器件都是在工艺线上实际制作过的，其性能和稳定性都是很完善的。一般情况下标准单元库由生产工艺厂家提供。标准元器件库中的标准单元必须符合某些限制，包括高度、形状与连接端口的位置。在 L-Edit 中标准单元分成两个部分，包括标准逻辑元器件和焊垫元器件。下面以建立一个标准逻辑元器件反相器为例来讲解如何用 L-Edit 来设计标准单元。

1. 启动软件

启动版图设计软件 L-Edit，把新建的默认文件保存为自己的文件名。然后把各种设置信息替换成所用的设置，本例使用的依然是软件安装目录下 \ TannerPro9 \ LEdit9.0 \ Samples \ spr \ example1 \ lights.tdb 文件所对应的工艺设置。新建一个单元，定义名称为 "inv_Standard"。

2. 绘制接合端口

每一个标准元器件都要有一个特殊的端口，叫做接合端口（Abutment Port），接合端口的范围定义出了元器件的尺寸及位置，即定义出元器件所属的边界。本例的接合端口名为 Abut，它是定义在 Icon/Outline 图层上的。接合端口的大小限定了一个元器件的边界范围，在标准元器件库中，所有标准元器件要有相同的高度，且接合端口宽度最好是整数值。

在图层板中选中 Icon/Outline 图层按钮，再从绘图工具栏中选中绘制端口按钮，在编辑区中绘制出 $18\mu m \times 66\mu m$ 的长方形，出现一个接合端口编辑对话框，如图 6-66 所示。在 Port name 文本框中输入接合端口名称"Abut"，在 Text Alignment 选项组中选择文字位于拖动方块的左下角，再单击"确定"按钮。

3. 绘制电源与电源端口

典型标准元器件的电源线分别在元器件的上端与下端，首先在图层板中选中 Metal1 图层按钮，再从绘图工具栏中选中矩形工具按钮，在 Abut 端口范围的上方与下方分别绘制出一个 $18\mu m \times 8\mu m$ 的区域。

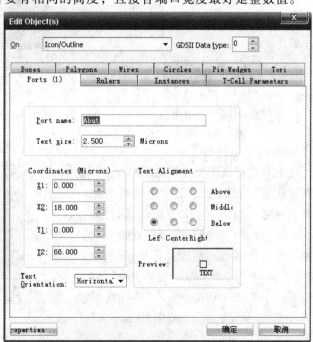

图 6-66　接合端口编辑对话框

再选中绘图工具栏中的端口按钮，沿着刚才绘制的上方金属区域的左边拖出一个纵向 $8\mu m$ 的直线，在出现的对象编辑对话框中，在 Port name 文本框中输入电源端口名"Vdd"，在文本框位置选项组中选中文字处于左下角选项,再单击"确定"按钮。以同样的方式在刚绘制的上方金属区域的右边拖出一个纵向 8μm 的直线,端口名称为"Vdd",文本位置选中右下角。以同样的方式沿着刚绘制的下方金属区域的左侧和右侧分别绘制纵向 8μm 的直线,端口名称为"GND",文本位置分别在左上角和右上角。绘制好电源端口后的版图如图 6-67 所示。

4. 绘制 N Well 图层

查看有关 N Well 的版图设计规则,由规则 1.1、1.3 可知,N Well 的最小宽度为 10μm,同电位阱的最小间距为 6μm。在图层板中选中 N Well 图层按钮,再在绘图工具栏中选中矩形工具,在 Abut 端口的上半部画出 24μm×38μm 的区域。

由于 N Well 需要连接电源,因此需要在 N Well 上面建立一个欧姆节点,在 N Well 上制作一个 N 型扩散区,再利用 Active Contact 将 Vdd 金属线连接至此。绘制 N Well 节点的版图如图 6-68 所示,首先绘制一个 14μm×6μm 的 Active 区域,再绘制一个 7μm×10μm 的 N Select 区域,最后绘制一个 2μm×2μm 的 Active Contact 区域。

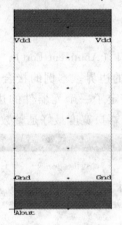

图 6-67 绘制好电源端口后的版图

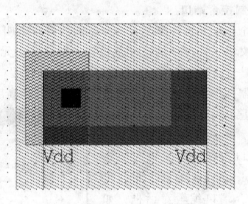

图 6-68 绘制 N Well 节点的版图

5. 绘制 P 型衬底节点

由于 P 型衬底需要连接地 GND,所以也需要在 P 型衬底上建立一个欧姆节点。在 P 型衬底上制作一个 P 型扩散区,再利用 Active Contact 将 GND 金属线连接至此。绘制 P 型衬底节点的版图如图 6-69 所示,首先绘制一个 14μm×6μm 的 Active 区域,再绘制一个 7μm×10μm 的 P Select 区域,最后绘制 2μm×2μm 的 Active Contact 区域。

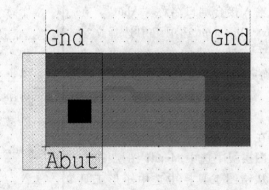

图 6-69 绘制 P 型衬底节点的版图

6. 绘制 P Select 图层

在 CMOS 电路中需要 PMOS 管,因此需要进行 P 型杂质的扩散,P Select 图层定义要扩散 P 型杂质的范围。

为了使标准元器件连接在一起时 N Select 与 P Select 不会有重叠的发生，因此所有图形在绘制时会有些不规则。选择图层板中的 P Select 按钮，选中绘图工具栏中的矩形工具，在 Abut 端口上半部的 N Select 右边加上一块 11μm×10μm 的 P Select 区域，接着在刚才绘制的 P Select 下方绘制出 18μm×22μm 的 P Select 区域。绘制 P Select 后的版图如图 6-70 所示。

7. 绘制 PMOS Active 图层

Active 区域可以定义 MOS 管有源区的范围，由于 P Select 形状不规则，Active 也分为两块区域绘制，以配合设计规则。选择图层板中的 Active 按钮，再选择矩形工具按钮，在 Abut 端口上半部原有 Active 区域的下方绘制一个 12μm×4μm 的 Active 矩形区域，在刚绘制的 Active 下方继续绘制一个 14μm×18μm 的 Active 区域。完成绘制 P Active 区域的版图如图 6-71 所示。

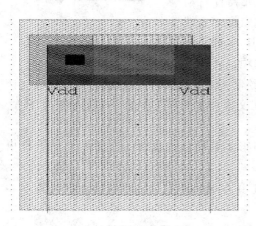

图 6-70　绘制 P Select 后的版图

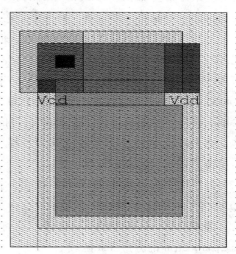

图 6-71　完成绘制 P Active 区域的版图

8. 绘制 NMOS 的 Active 区域

设计了 PMOS 管的 Active 区域后，再来设计 NMOS 管的 Active 区域。

选中图层板中的 N Select 按钮，再选中矩形工具按钮，在 Abut 端口下半部的 P Select 的右边绘制一个 11μm×10μm 的 N Select 区域，然后在刚才绘制的 P Select 的上方绘制一个 18μm×22μm 的 N Select 区域。

继续选中图层板中的 Active 按钮，利用矩形工具在 Abut 端口下半部原有 Active 的上方绘制 12μm×4μm 的矩形 Active 区域，然后继续在刚绘制的 Active 区域上方继续绘制一个 14μm×18μm 的 Active 区域。完成绘制 N Active 区域的版图如图 6-72 所示。

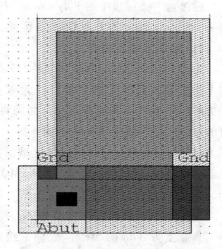

图 6-72　完成绘制 N Active 区域的版图

9. 绘制 Poly 图层

MOS 管的栅极是 Poly 图层与 Active 图层的交集，查看有关的设计规则 3.1 和 3.2 可知，Poly 的最小宽度为 $2\mu m$，Poly 的延伸有源区最小值为 $2\mu m$，先在图层板中选中 Poly 图层按钮，再选中绘图工具栏中的矩形工具按钮，在 Abut 端口的中间绘制一个 $2\mu m \times 70\mu m$ 的 Poly 区域，完成绘制 Poly 图层的版图如图 6-73 所示。

10. 绘制输入信号端口

标准元器件信号端口（除电源与地）的绕线会通过标准单元的顶部或底部，一个标准元器件信号端口要求高度为 0，且宽度最好为整数值。本次设计的反相器有两个信号端口需要标出，一个是输入端口 A，另一个是输出端口 OUT。

反相器的输入信号是从栅极输入，但在标准元器件自动绕线时，每个信号端口是以 Metal2 绕线，故需要先将输入端口用 Metal2 通过 Via 与 Metal1 相连，再将 Metal1 通过 Poly Contact 与 Poly 相连。先选中图层板中的 Metal2 选项，再选中

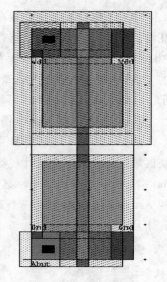

图 6-73 完成绘制 Poly 图层的版图

绘图工具栏中的端口按钮，在 Abut 端口的左下方绘制一个 $4\mu m$ 的直线，出现编辑对象对话框，在 Port name 文本框中输入端口名称"A"，在文本位置选项组中选中文字处于左下方，再单击"确定"按钮。

继续选中图层板中的 Metal1 按钮，再选中矩形工具按钮，与 Metal2 重叠并向上拉出 $4\mu m \times 13\mu m$ 的矩形 Metal1 区域。

继续选中图层板中的 Via 按钮，再利用矩形工具在 Metal1 与 Metal2 重叠的区域绘制一个 $2\mu m \times 2\mu m$ 的方形 Via 区域。

继续选中图层板中的 Poly 按钮，利用矩形工具在与 Metal1 重叠的区域绘制一个 $6\mu m \times 6\mu m$ 的矩形 Poly 区域。

继续选中图层板中的 Poly Contact 按钮，利用矩形工具在 Metal1 与 Metal2 重叠的区域绘制一个 $2\mu m \times 2\mu m$ 的 Poly Contact 区域。完成绘制 Poly Contact 的版图如图 6-74 所示。

11. 绘制源极连接线

由于 PMOS 管左右两边不对称，Poly 左边的 P 型扩散区紧接 N 型扩散区，此 N 型扩散区为阱区体电极，要连接 Vdd，如果将 PMOS 管的左边 P 型扩散区与 Vdd 电源连接，使之成为 PMOS 管的源极，则使该 PN 区域形成的二极管的两端电压相同，不会影响 PMOS 管工作。

先选中图层板中的 Metal1 按钮，利用矩形工具在上方 Vdd 的 Metal1 处向下绘制 $4\mu m$

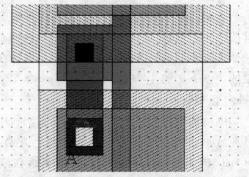

图 6-74 完成绘制 Poly Contact 的版图

$\times 19\mu m$ 的矩形 Metal1 区域。继续选中图层板中的 Active Contact 按钮，再利用矩形按钮在 Metal1 与 Active 重叠的区域绘制 4 个 $2\mu m \times 2\mu m$ 的矩形 Active Contact 区域，其间距为 2 个

栅格，完成绘制 PMOS 管 Active Contact 图层的版图如图 6-75 所示。

同样道理，由于 NMOS 管的左右两边不对称，Poly 左边的 N 型扩散区紧接 P 型扩散区，此 P 型扩散区为阱区体电极，要连接 Gnd，如果将 NMOS 管的左边 N 型扩散区与 Gnd 电源连接，使之成为 NMOS 管的源极，则使该 PN 区域形成的二极管的两端电压相同，不会影响 NMOS 管工作。

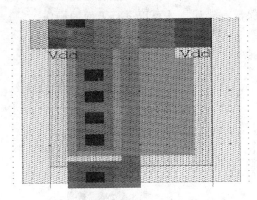
图 6-75 完成绘制 PMOS 管 Active Contact 图层的版图

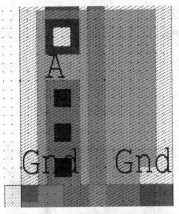
图 6-76 完成绘制 NMOS 管 Active Contact 图层的版图

先选中图层板中的 Metal1 按钮，利用矩形工具在下方 Gnd 的 Metal1 处向上绘制 $4\mu m \times 12\mu m$ 的矩形 Metal1 区域。继续选中图层板中的 Active Contact 按钮，再利用矩形按钮在 Metal1 与 Active 重叠的区域绘制 3 个 $2\mu m \times 2\mu m$ 的矩形 Active Contact 区域，其间距为 2 个栅格，完成绘制 NMOS 管 Active Contact 图层的版图如图 6-76 所示。

12. 连接漏极

将 NMOS 管的右边扩散区与 PMOS 管的右边扩散区利用金属 Metal1 进行连接，并在 Metal1 与 Active 重叠的区域打上节点。

选中图层板中的 Metal1 按钮，利用矩形工具在 PMOS 管的右边有源区和 NMOS 管的右边有源区区域从上向下绘制一个 $4\mu m \times 44\mu m$ 的矩形 Metal1 区域。

继续选中图层板中的 Active Contact 按钮，利用矩形工具在刚绘制的 Metal1 与 PMOS 管和 NMOS 管的 Active 重叠的区域各绘制 4 个 $2\mu m \times 2\mu m$ 的矩形 Active Contact 区域，注意 Active Contact 的间距为 2 个栅格。完成绘制漏极连接的版图如图 6-77 所示。

13. 绘制输出信号端口

反相器的输出端口 OUT 是从漏极输出，但在标准元器件自动绕线时，信号端口是以 Metal2 绕线，因此需要将输出端口由 Metal2 通过 Via 与 Metal1 相连。

先选中图层板的 Metal2 按钮，再选中绘图工具栏中的端口工具按钮，在 PMOS 管和 NMOS 管连接的 Metal1 中间绘制一个 $4\mu m$ 的直线端口，在弹出的编辑对象对话框中的 Port name 文本框中输入"OUT"，在文本位置选项组中选中文本位于左下角选项，再单击

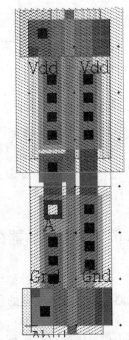
图 6-77 完成绘制漏极连接的版图

"确定"按钮。

继续选中矩形工具按钮,在端口 OUT 的周围绘制 $4\mu m \times 4\mu m$ 的矩形 Metal2 区域。继续选中图层板中的 Via 按钮,利用矩形工具按钮在 Metal1 与 Metal2 重叠的区域绘制一个 $2\mu m \times 2\mu m$ 的矩形 Via 区域,完成绘制输出端口的版图如图 6-78 所示。

14. 设计规则检查

全部设计好版图以后,把结果保存。绘制好的反相器标准单元的版图如图 6-79 所示。然后对设计的版图进行设计规则检查,确保没有错误,才可以进行下面的操作。

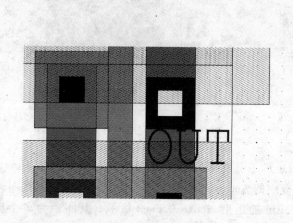

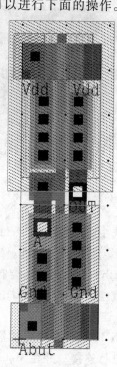

图 6-78 完成绘制输出端口的版图　　　　图 6-79 反相器标准
　　　　　　　　　　　　　　　　　　　　　　单元的版图

15. 电路结果转化

利用 L-Edit 的输出功能转化为电路网表的形式,单击 Tools→Extract 命令,在出现的对话框中进行基本的设定,然后单击 Run 按钮即可。转化输出的结果可以通过打开转化文件进行查看。

6.6　四位全加器的 SPR 操作

前面已经学习过如何利用 Tanner 公司的 L-Edit 软件来设计标准单元。而对于一个集成电路芯片来说,完整的版图布局主要包括两个部分,一个是核心的逻辑电路,另一部分是输入输出压焊块(PAD),其中的核心逻辑电路可以利用标准单元设计方法进行设计,但输入输出压焊块部分也要包含在标准单元库中。

Tanner 公司所带的样例文件 lights.sdb 文件中包括两种输入输出压焊块,分别是 IPAD、OPAD 和 PadInc、PadOut 压焊块,其中 PadInc、PadOut 压焊块也存在于 scmos.sdb 库中。电

第 6 章 版图设计

源和地的压焊块就只有一种，分别是 PadGnd 和 PadVdd。样例文件位于软件安装目录 \ TannerPro9 \ SEdit8.1 \ tutorial \ schematic \ lights.sdb 下。本书将讲述以两种压焊块为例所设计的四位全加器的 SPR 操作。

下面就以前面已经设计并仿真过的四位全加器为例，介绍如何利用标准单元设计方法来实现四位全加器版图的标准单元自动布局、布线（简称为 SPR）。基本过程如下：首先由 S-Edit 完成电路设计并生成电路网表文件，再利用 L-Edit 的标准单元库进行自动布局、布线，以形成最终的版图。

1. 电路编辑

基本的过程是启动 S-Edit→建立新文件→进行环境设定→绘制四位全加器的电路图（可以例化前面做过的电路模块）→引用 PAD 符号→输出 TPR 文件和 SPICE 网表文件。

（1）启动软件

通过快捷方式启动 S-Edit 程序，打开自己编辑的文件或新建一个文件保存成自定义的名字，把工作环境设置成自己的常用设置，新建一个单元并命名为 add4spr。

（2）编辑四位全加器

可以按照前面讲过的方法重新编辑四位全加器的电路图，也可以直接调用以前自己编辑过的四位全加器。这里选择直接调用以前的电路图，单击 Module→Instance 命令，找到自己编辑的四位全加器的文件，并选中其中的四位全加器模块，例化到当前编辑区的窗口中，此时窗口中会出现一个四位全加器的符号。

（3）引用 PAD 模块和端口

1）使用 lights.sdb 库中的 IPAD 和 OPAD 压焊块的操作。四位全加器电路的每一个输入输出端还要加上输入输出压焊块，在库模块文件 lights.sdb（… \ TannerPro9 \ SEdit8.1 \ tutorial \ schematic \ lights.sdb）中已经有绘制好的压焊块模块，主要包括 PadGnd、PadVdd、IPAD 和 OPAD。

可以直接从库文件中放置这几个元器件，在例化这几个元器件的过程中会出现例化元器件冲突提示对话框，如图 6-80 所示，此时可以选择第三个单选按钮来覆盖现有的元器件。然后又会出现模块性质不匹配的对话框，此时要继续单击其中的 Yes 按钮才可以例化该元器

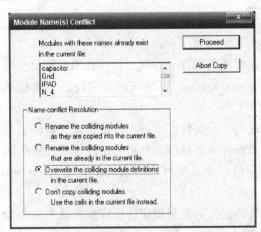 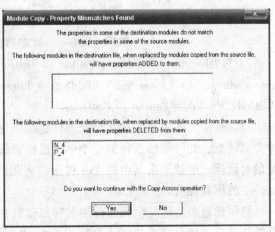

图 6-80　例化元器件冲突提示对话框

件，例化的同时将原有文件中的模块置换成 Lights.sdb 文件中的模块性质。

把例化过来的这几个元器件用鼠标拖动到合适的位置，由于有 9 个输入端和 5 个输出端，因此需要分别复制几个压焊块。注意，采用 IPAD 和 OPAD 元器件时，则其连接方式是 PAD 端连接对应的输入与输出端口，而 DI 或 DO 端连接四位全加器的对应的端口，可以使用 Edit→Flip→Horizontal 命令进行水平翻转。把 13 个压焊块分别放到合适的位置后，利用 Wire 工具按钮把压焊块的端点和全加器模块的对应端点进行连接，连接正常的节点小圆圈则消失。

接着放置端口，选择端口工具按钮，其中有 9 个输入端口和 5 个输出端口。需要注意，此处的端口名称要写成"PAD_编号_端口名"的形式。例如，此处添加的端口名称分别为 9 个输入端口：PAD_1_A3、PAD_2_B3、PAD-3_A2、PAD_4_B2、PAD_5_A1、PAD_6_B1、PAD_7_A0、PAD_8_B0、PAD_9_Ci 和 5 个输出端口：PAD_10_S3、PAD_11_S2、PAD_12_S1、PAD_13_S0、PAD_14_Co。电源和地压焊块的端口由系统默认编号，不需要添加。加完压焊块后的电路图如图 6-81 所示。

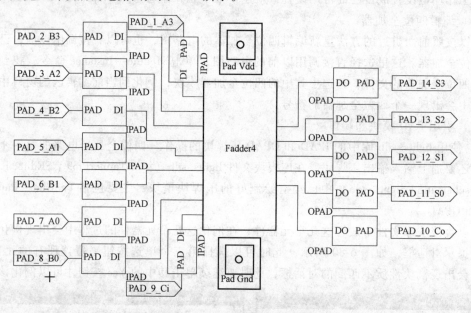

图 6-81　加完压焊块后的电路图

2）使用 scmos.sdb 库中的 PadInc 和 PadOut 压焊块的操作。在此，我们选用库模块文件 scmos.sdb（…\TannerPro9\SEdit8.1\library\scmos.sdb）中的压焊块模块，主要包括 PadGnd、PadVdd、PadInc 和 PadOut。

直接从库文件中放置这几个元器件，在例化这几个元器件的过程中也会出现元器件名称冲突对话框，此时依然选择第三个单选按钮来覆盖现有的元器件。然后会出现模块性质不匹配的对话框，继续单击其中的 Yes 按钮，例化的同时将原有文件中的模块置换成 scmos.sdb 文件中的模块性质。

把例化过来的这几个元器件用鼠标拖动到合适的位置，复制相同的压焊块模块并和全加器模块实现连接，接着放置 5 个输出端口和 9 个输入端口。注意，此处的端口名称要写成"PAD_位置编号_端口名"的形式，其中的位置编号要区分上、下和左、右，我们用 L 代表布局在版图的左侧,用 R、T 和 B 分别代表右、上和下,然后依次按顺序进行编排。例如,此处添加的端口名称依次为 PAD_L1_A2、PAD_L2_A1、PAD_L3_Vdd、PAD_L4_A0、PAD_T1_A3、PAD_T2_B3、PAD_T3_B2、PAD_T4_B1、PAD_B1_B0、PAD_B2_Ci、PAD_B3_S3、PAD_B4_S2、PAD_R1_S1、PAD_R2_S0、PAD_R3_Gnd、PAD_R4_Co。

绘制好后的完整电路图如图 6-82 所示。

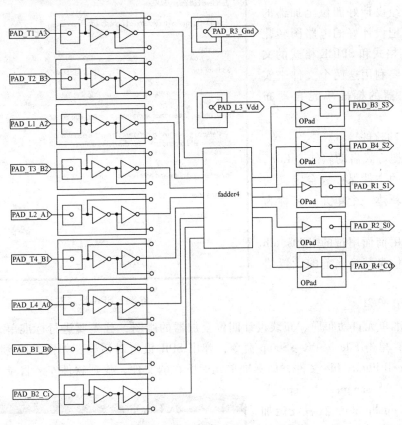

图 6-82 绘制好后的完整电路图

(4) 输出转化

利用 Export 命令可以把电路图输出成 TPR 格式,单击 File→Export 命令,弹出网表文件输出设定对话框,如图 6-83 所示。在 Select Export Data Type 选择输出文件类型中选择 TPR File 文件类型,在 Output file name 输出文件名称文本框中输入要保存文件的路径和名称,然后单击 OK 按钮。

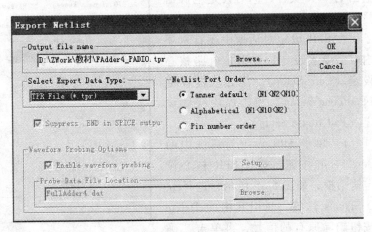

图 6-83 网表文件输出设定对话框

接着利用 Export 命令把电路图输出成 SPICE 格式。单击 File→Export 命令，在弹出的输出设定对话框中，选择输出文件类型为 SPICE File 文件类型，在输出文件名称文本框中输入要保存文件的路径和名称，然后单击 OK 按钮。

2. 四位全加器标准单元自动布局、布线

前面已经设计好四位全加器的电路图，并把设计好的电路图转化输出为 TPR 格式和 SPICE 格式的文件，下面就要利用这两个文件来实现四位全加器的标准单元自动布局、布线。

（1）启动软件

通过快捷方式启动软件 L-Edit，把默认建立的文件保存成自定义的文件名称，新建一个单元，名称为 adder4spr。

然后利用前面用过的 lights.tdb 文件的设置信息替换当前的设置信息。

（2）SPR 设定

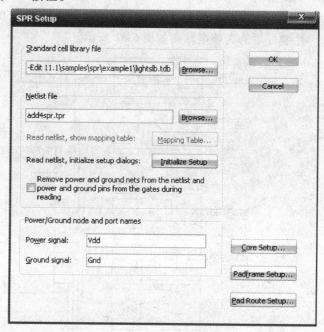

图 6-84　SPR 设定对话框

利用标准单元自动布局、布线设计四位全加器的版图，首先要进行标准单元自动布局、布线的设定，单击 File→SPR→Setup 命令，弹出 SPR 设定对话框，如图 6-84 所示。首先设定 Standard cell library file 文件，即标准单元库所在的文件，找到软件安装目录 \ TannerPro9 \ LEdit9.0 \ samples \ spr \ example1 \ lightslb.tdb。然后设定加了压焊块的四位全加器电路图转化输出的 TPR 文件，同时设定电源信号和接地信号的端口名称。

在 SPR 设定对话框中还有三项内容需要去设定，分别是电路核心设定（Core Setup）、压焊块框设定（Padframe Setup）和压焊块绕线设定（Pad Route Setup）。

1）单击 SPR 设定对话框中的 Core Setup 按钮，打开 SPR 核心设定对话框，如图 6-85 所示，选择 I/O Signals 标签，利用其中的 Delete 按钮删除原有的信号，再单击"确定"按钮。

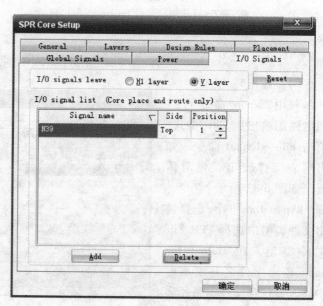

图 6-85　SPR 核心设定对话框

2）在 SPR 设定对话框中单击 Padframe Setup 按钮，打开 SPR 压焊块框设定对话框，如图 6-86 所示，选择 Layout 标签，利用其中的 Delete 按钮删除原有的所有 Pad，然后单击"确定"按钮。

3）单击 SPR 设定对话框中的 Pad Route Setup 按钮，打开 SPR Pad Route Setup 对话框，在 General 标签中的 Output cell name 文本框中输入完成自动布局、布线的元器件名称，此处输入"add4spr"，如图 6-87 所示。再选择 Core Signals 标签，利用其中的 Delete 按钮删除原有的所有 I/O 信号，如图 6-88 所示。再选择 Padframe Signals 标签，利用其中的 Delete 按钮删除原有的所有 I/O 信号，如图 6-89 所示。最后单击"确定"按钮。

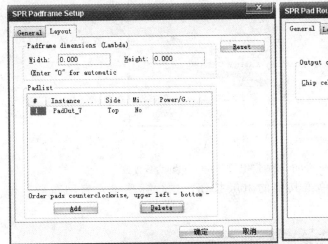

图 6-86　SPR 压焊块框设定对话框

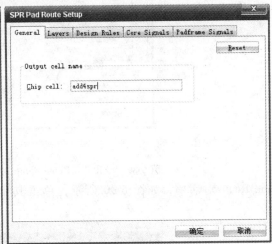

图 6-87　SPR Pad Route Setup 对话框中的 General 标签

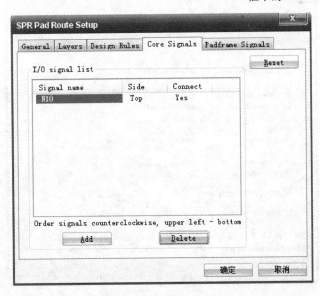

图 6-88　SPR Pad Route Setup 对话框中的 Core Signals 标签

（3）执行 SPR

SPR 全部设定好以后，单击 Tool→SPR→Place and Route 命令，打开 Standard Cell Place

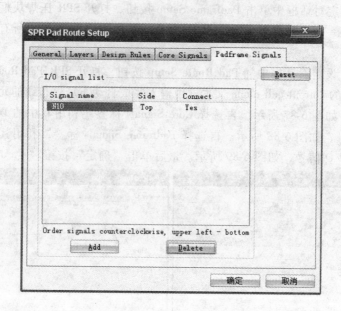

图 6-89 SPR Pad Route Setup 对话框中的 Padframe Signals 标签

and Route 对话框,如图 6-90 所示,单击其中的 Run 按钮,执行标准单元自动布局、布线。

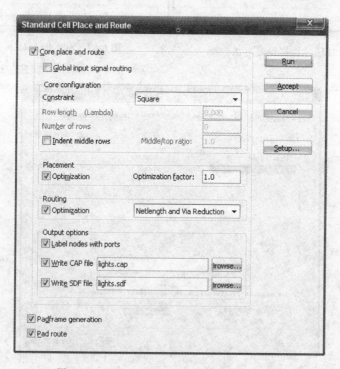

图 6-90 Standard Cell Place and Route 对话框

自动布局、布线完成后会出现图 6-91 所示的 SPR 运行结束的提示信息。图 6-92 是完成 SPR 自动布局、布线后的版图。

第 6 章 版图设计

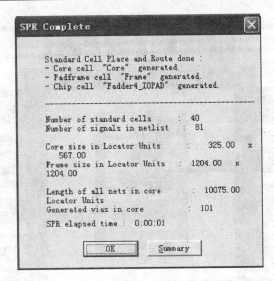

图 6-91　SPR 运行结束的提示信息

（4）版图转化

将 SPR 自动布局、布线后的版图利用 L-Edit 的转化功能进行转化，输出成电路网表文件，再加上之前由电路图转化生成的电路网表文件，就可以进行 LVS 操作和仿真操作了。

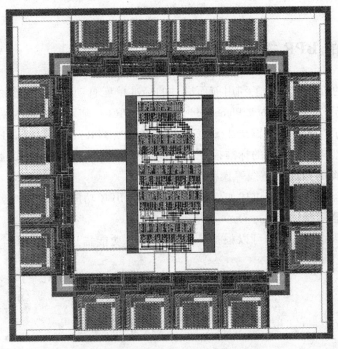

a) 采用IPAD和OPAD端口的版图

图 6-92　SPR 自动布局、布线后的版图

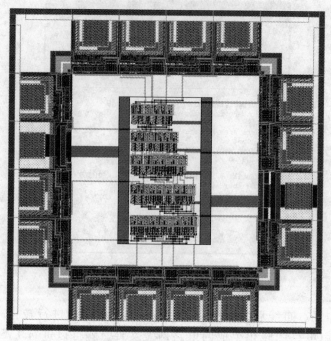

b) 采用PadInc和PadOut端口的版图

图 6-92 （续）

6.7 全加器的 BPR 操作

在设计版图的过程中，除了利用前面讲过的标准单元自动布局、布线之外，还可以使用 L-Edit 的区块布局、布线（Block Place and Route，BPR）。基本的过程是先由 S-Edit 设计电路，然后把设计好的电路转换输出成 SPICE 电路网表（TPR），再利用 L-Edit 中的设计向导 Design Navigator 把电路中涉及的标准模块添加或者复制到当前 Layout File 版图文件中，最后运用 BPR 完成版图的布局、布线等操作。

本书以一位全加器为例来讲述如何使用 L-Edit 的 BPR 功能。

1. 一位全加器基础

根据以前学习过的知识，可以根据一位全加器的功能描述来设计出全加器的关系表达式。

$$Cout = AB + (A \oplus B) Cin$$
$$S = (A \oplus B) \oplus Cin$$

读者也可以按照自己的方式去化简，可能会得到不同的结果。

2. 电路图编辑

（1）新建模块

启动 S-Edit 软件，根据自己的习惯设定好工作环境，将文件保存成自定义的文件名 "Adder1Bit.sdb"，同时也将模块保存成自定义的模块名称 "Adder1Bit"。

（2）引用元器件

从 scmos 库中分别引用 XOR2 和 NAND2 模块，再利用复制功能复制所需的模块，并进行合理的布局，最后利用连线功能按钮完成一位全加器的电路图，如图 6-93 所示。

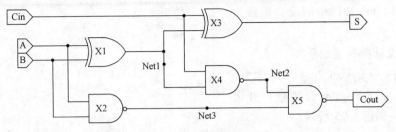

图 6-93 一位全加器的电路图

（3）输出 SPICE 格式文件

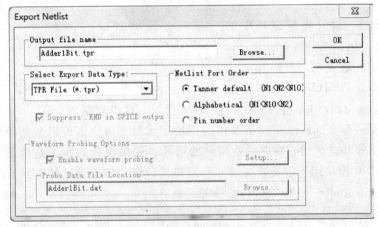

图 6-94 网表文件输出设定对话框

保存编辑的电路图，并将该电路输出成 SPICE 格式文件。单击 File→Export 命令，弹出网表文件输出设定对话框，如图 6-94 所示。在 Select Export Data Type 下拉列表框中选中 TPR File（*.tpr），在 Output file name 文本框中出现默认的文件名 "Adder1Bit.tpr"，然后单击 OK 按钮。

3. BPR 操作

利用刚才输出的 TPR 格式的网表文件进行一位全加器的版图编辑。

（1）启动软件

通过快捷方式启动软件 L-Edit，把文件保存为自定义的文件名 "add1_bpr.tdb"，把单元的名称更改为自定义的单元名称 "add1_bpr"。

利用软件所带的实例文件替代当前的设置，单击 File→Replace Setup 命令，在出现的对话框中利用 Browser 按钮找到所需的文件 "…\L-Edit

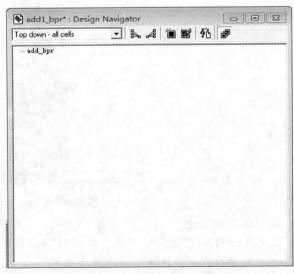

图 6-95 add1_bpr 设计向导窗口

9.0 \ Samples \ BPR \ adder1bit \ Adder1Bit. tdb",再单击 OK 按钮,就可以将 Adder1Bit. tdb 文件中的设置替换为当前的设置。

（2）用设计向导复制单元

单击 View→Design Navigator 命令,或者单击 Design Navigator 按钮 打开设计向导窗口,如图 6-95 所示。

单击 File→Open 命令打开 Adder1Bit. tdb 文件,并打开它的设计向导,如图 6-96 所示。

选中 Adder1Bit 设计向导窗口中的 Adder_IO 模块,用鼠标拖到 add1_bpr 设计向导窗口中完成复制,然后用同样的办法把 Nand2、ViaM1M2、Xor2 模块

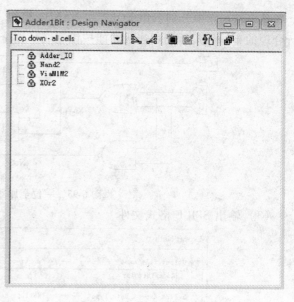

图 6-96　Adder1Bit 设计向导窗口

也复制到 add1_bpr 设计向导窗口中,如图 6-97 所示。这里复制到 add1_bpr 中的 Nand2 和 Xor2 模块是设计一位全加器电路时所要用的模块,这两个模块也可以从其他库文件中复制进来。ViaM1M2 模块是两层布线时需要用到的通孔,如果设计的版图是单层的,则不需要该模块。Adder_IO 模块用于定义版图尺寸和端口的位置,如果设计的电路大小和端口需要修改时,可以双击 Adder_IO 模块进行修改和编辑。

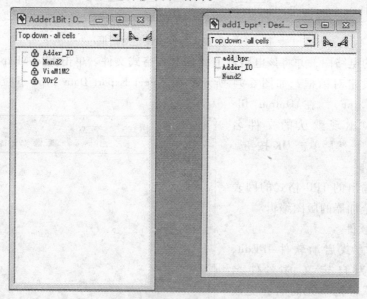

图 6-97　复制单元模块

（3）BPR 初始化

关闭 Adder1Bit 设计向导窗口,在 add1_bpr 设计向导窗口中把 add_bpr 重命名为 top-lever,然后双击打开,使其处于当前活动单元。

单击 Tools→BPR→Initialization 命令打开 BPR 初始化对话框,如图 6-98 所示。在 Netlist

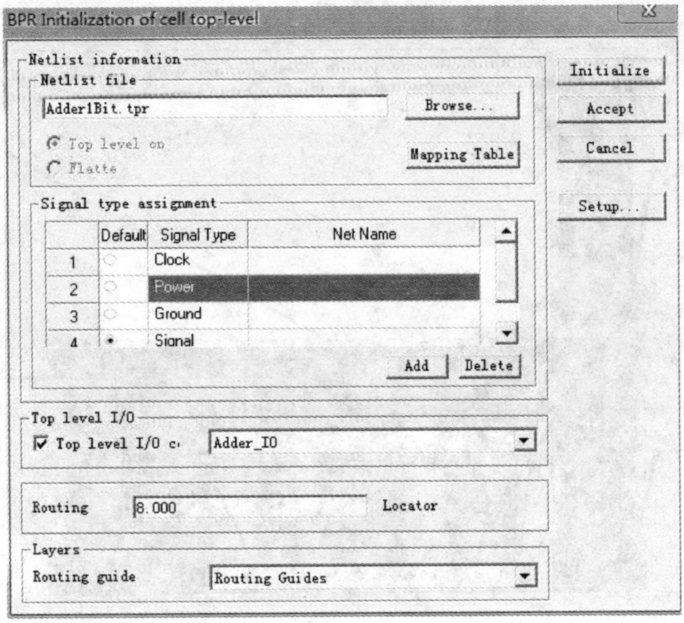

图 6-98　BPR 初始化对话框

file 文本框中设置所生成的一位全加器电路网表文件 Adder1Bit.tpr，勾选上 Top level I/O cell 并在其下拉列表框中选中 Adder_IO，在 Routing Pich 文本框中输入"8.000"，在 Routing guide layer 下拉列表框中选中 Routing Guides，最后单击 Initialize 按钮。

在完成初始化之前会弹出一个修改信息提示对话框，如图 6-99 所示，询问是否将鼠标移动的最小距离设置成布线的最小栅格距离，直接单击 Yes 按钮，确定修改。

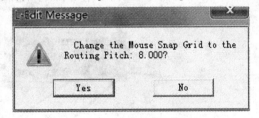

图 6-99　修改信息提示对话框

完成 BPR 初始化设定以后，会自动出现初始的一位全加器版图布局，如图 6-100 所示。自动出现的这个版图一般并不是一个最好的布局，这时通常都要自己手动修改该布局，尽可能做到减少线的交叉以及使版图布局方正均匀。为此，修改后的一位全加器版图布局如图 6-101 所示。

（4）布线设定

单击 Tools→BPR→Set up 命令，打开布线设定对话框，这里只需要在 Autorouter 标签项中设置一些信息即可，具体内容可按照图 6-102 所示进行设置和选择，其他两个标签项采用其默认值。最后单击"确定"按钮。

（5）自动布线

单击 Tools→BPR→ Route All 命令，进行自动布线。自动布线完成后的版图如图 6-103 所示，从图中可以看出，一共要完成 8 个点的布线连接，其中 7 个点已经完成，还有 1 个点没有完成布线，在图上用绿色的飞线表示。该点的连接需要我们自己手动用 Metal1 和 Metal2 两个图层来完成。

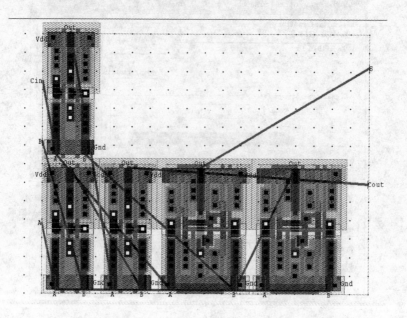

图 6-100 初始的一位全加器版图布局

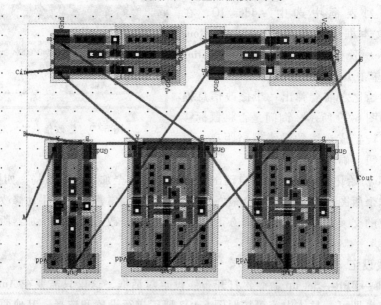

图 6-101 修改后的一位全加器版图布局

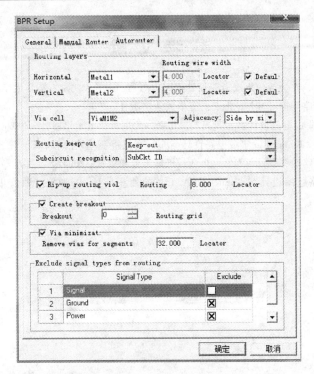

图 6-102　布线设定对话框

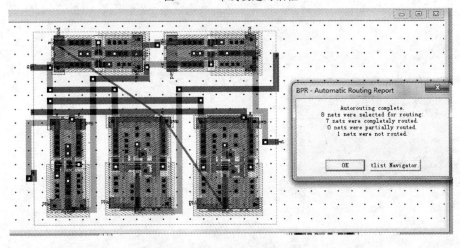

图 6-103　自动布线完成后的版图

习　　题

6.1　读取示例文件的版图设计规则文件信息。

6.2　利用 T-Cell 命令绘制一个 $8\mu m \times 5\mu m$ 的多晶硅矩形。

6.3　利用 T-Cell 命令绘制一个半径为 $8\mu m$ 的有源区的圆。

6.4　利用 T-Cell 命令绘制一个 6 个顶点的金属多边形，顶点坐标自定。

6.5　利用 SPR 设计一位全加器的版图。

6.6　利用 BPR 设计四位全加器的版图。

6.7　利用 SPR 设计八位全加器的版图。

参 考 文 献

[1] 史小波,程梦璋,许会芳.集成电路设计 VHDL 教程 [M].北京:清华大学出版社,2005.
[2] 杨之廉.集成电路导论 [M].北京:清华大学出版社,2003.
[3] 孙润.TANNER 集成电路设计教程 [M].北京:北京希望电子出版社,2002.
[4] 廖裕评,陆瑞强.Tanner Pro 集成电路设计与布局实战指导 [M].北京:科学出版社,2007.
[5] 曾庆贵.集成电路版图设计 [M].北京:机械工业出版社,2008.
[6] 王颖.集成电路版图设计与 Tanner EDA 工具的使用 [M].西安:西安电子科技大学出版社,2009.